新型作战概念剖析

陈士涛 孙 鹏 李大喜 编著

杨建军 主审

西安电子科技大学出版社

内 容 简 介

　　本书共分为9章。内容包括作战概念概述、分布式作战、多域战、穿透型制空、远距空中优势、OODA 2.0、混合战争、马赛克战以及新型作战概念间的异同和联系。

　　本书可作为高等院校军事装备学、管理科学与工程、系统工程等专业研究生的教材，也可作为从事新型装备作战概念设计、发展论证、体系规划、作战使用研究的技术人员的参考书。

图书在版编目(CIP)数据

新型作战概念剖析 / 陈士涛，孙鹏，李大喜编著. —西安：
西安电子科技大学出版社，2019.10(2023.6 重印)
ISBN 978–7–5606–5514–7

Ⅰ. ① 新…　Ⅱ. ① 陈…　② 孙…　③ 李…　Ⅲ. ① 作战方法—研究　Ⅳ. ① E83

中国版本图书馆 CIP 数据核字(2019)第 234216 号

策　　划　戚文艳
责任编辑　戚文艳
出版发行　西安电子科技大学出版社(西安市太白南路 2 号)
电　　话　(029)88202421　88201467　　　邮　编　710071
网　　址　www.xduph.com　　　　　电子邮箱　xdupfxb001@163.com
经　　销　新华书店
印刷单位　陕西精工印务有限公司
版　　次　2019 年 10 月第 1 版　　2023 年 6 月第 5 次印刷
开　　本　787 毫米×1092 毫米　1/16　印　张　9.5
字　　数　213 千字
印　　数　5501～7500 册
定　　价　36.00 元
ISBN 978-7-5606-5514-7 / E
XDUP 5816001-5
如有印装问题可调换

《新型作战概念剖析》
编　写　组

主　审　杨建军

编写人员　陈士涛　孙　鹏　李大喜　刘　嘉　赵保军

　　　　　李　强　肖吉阳　周中良　宋志华　张鹏涛

前　言

习主席在中央军委改革工作会议上指出：必须选准突破口，超前布局，加强前瞻性、先导性、探索性的重大技术研究和新概念研究，积极谋取军事技术竞争优势，提高创新对战斗力增长的贡献率。只有深入研究未来信息化战争的特点、规律和发展趋势，强化设计装备就是设计未来战争的理念，创新超前性军事理论，才能牵引武器装备的发展，适应未来战争需求，达到打什么仗就发展什么武器装备的目的。

先进的武器装备是打赢未来战争的基本保障，面向未来发展适用的武器装备则需要对未来的作战样式进行深入的研究和设计。作战样式是武器装备作战使用模式的具体呈现，而武器装备作战概念则是设计武器装备作战使用模式的源点。因此，武器装备作战概念研究是设计未来装备的逻辑起点，是牵引自主创新式装备发展的源动力，是生成未来武器装备需求的理论依据。

先进军事思想是国防技术和武器装备跨越式发展的"导向器"。世界头号军事强国美国，十分重视牵引作战能力发展的作战概念的研究，以作战概念创新为牵引，拉动军事能力的建设。作战概念创新研究有助于发现新技术，锁定新的战斗力生长点。发现能够应用于军事领域的知识与技术，为其找到军事用途是作战概念研究的重点任务之一。

近年来，美军面对变化的作战环境、作战对手和作战任务，不间断地提出许多新的作战概念，并对这些作战概念进行深入的理论研讨、仿真试验、模拟推演、效能评估，对经过筛选的、适用的作战概念进行实装测试，用模拟战场进行效能评估检验，并在适当的时机投入局部战场试用，进行实战验证。经过长期的探索和实践，美军对作战概念研究已形成了一个理论研究→仿真评估→兵棋推演→实装演示→实战验证→修改完善的闭环研究回路。

美军借助先进的军事思想和技术上领先的装备优势，形成了与其他国家军事实力上的"时代差"和"代内差"，使美军具备了领先世界、超强、适用的军事能力。

近年来，面对中俄军事能力的增长和复苏，尤其是中国军事能力的跨越式发展，面向与中国对抗的特定战场环境，美军提出了多个新型作战概念，以牵引其面向未来与中俄对抗的军事能力建设。

随着技术和武器装备的发展，战场的范围越来越宽广，战场空间涉及的范围已从陆空、海空、陆海、网电等双域空间逐步向陆海空天电全域空间拓展，作战样式也正在从空地一体战、空海一体战、空天一体战、网电一体战等作战样式向陆海空天电一体化作战样式拓展。美军近期提出的"分布式作战""多域战""马赛克战"等新型作战概念，充分体现了这种变化。

本书针对美军近期提出的"分布式作战""多域战""穿透型制空""远距空中优势""OODA 2.0""混合战争""马赛克战"等作战概念进行剖析，以期获得对这些作战概念更深层次的认识，为我军军事能力建设和装备发展提供有益的借鉴参考。

本书由空军工程大学陈士涛讲师，军事科学院孙鹏助理研究员，空军工程大学李大喜讲师、刘嘉讲师、赵保军副教授、李强副教授、肖吉阳讲师、周中良教授、宋志华讲师、张鹏涛副教授编著，全书由张晗、李江、陈庚、吕文婷进行校稿。

本书由杨建军教授主审。杨建军教授提出了许多宝贵意见，在此表示诚挚的谢意！

编写过程中，参考了大量相关文献，在此向有关作者表示致谢！

由于作者水平有限，书中难免存在不妥之处，恳请有关专家、同行和读者批评指正。

作　者

2019 年 8 月

目　　录

第1章 作战概念概述

关于作战概念的具体内涵，目前还缺乏统一定义。由于装备发展模式不同，目前国内外对作战概念内涵、作用的认识存在较大差异。

1.1 美军作战概念的内涵

美军认为："概念是思想的表达，作战概念是未来作战的可视化表达。""通过开发作战概念，一体化作战思想可得到详细说明，然后通过实验和其他评估手段对作战概念进行进一步的探索，作战概念是探索组织和使用联合部队的新方式。"

通俗地讲，美军的作战概念是指挥官针对某一行动或一系列行动的想定或意图而做出的语言或图表形式的说明。

在美国空军发布的《空军作战概念开发》中，对作战概念给出了较为清晰的定义："空军作战概念是空军最高层面的概念描述，是指通过对作战能力和作战任务的有序组织，实现既定的作战构想和意图。"

从近几年美军正式颁布的各种文件以及相关资料里可以看出，美军针对联合作战需求，依据联合作战的不同层次和领域，对作战概念进行了分层细化的系列化描述。美军主要在四个层面上进行作战概念的开发，《2020 联合构想》中提出的作战概念是美军最顶层的作战概念，其次是联合作战概念系列，下一层是军种转型作战概念，最底层是装备作战使用概念。从上至下顺序指导，渐进具体化；由下向上顺序支撑，逐级集成；作战概念之间相辅相成，形成了较为完善的作战概念体系。美军作战概念体系如图1.1所示。

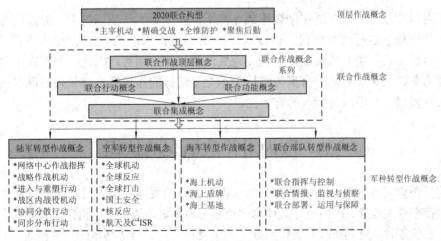

图 1.1 美军作战概念体系

在美军作战概念体系中，联合作战概念系列是支撑美军转型的作战概念的核心，主要包括：联合作战顶层概念、联合行动概念、联合功能概念、联合集成概念。

1.2 美军作战概念研究的流程

美军对新型作战概念的研究十分重视，经过长期的探索和实践，对作战概念的研究已形成了一个相对完善的闭环研究回路。

根据对相关资料的研究分析，美军对作战概念的研究流程如图 1.2 所示。

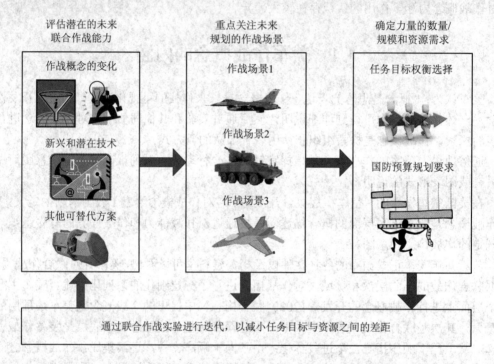

图 1.2　美军作战概念研究流程

美军对作战概念的研究是在联合作战环境下、在设定的作战场景下，通过联合作战实验对新型作战概念进行研究迭代，在技术、任务目标(需求)、资源、预算等要素之间寻求平衡。冷战结束后，美军的发展建设更多地受国防预算的制约，因此，美军在确定国防战略支撑能力前，很重视对那些有潜力维持美军竞争优势的作战概念与新兴的潜在技术能力进行评估，以保证有限国防投入的有效性。

1.3 国内对作战概念的认识

目前，国内对作战概念还缺乏统一的认识和规范的表述，国内对作战概念的理解与美军的表述存在较大差异。国内对作战概念的理解可简单表述为：作战指挥人员对概念装备执行典型作战任务时，对其作战对抗使用细节构想及典型能力指标期望的一种描述。

对比美军对作战概念的认识，可以看出，中美对作战概念的认识不在一个层面，关注点和关注角度存在较大差异。国内对作战概念的内涵、设计要素、描述内容及其作用等方面的理解，大体上与美军需求文件中要求强制执行的体系结构模型描述的内容相似，即对作战概念的描述更过程化、详细化和参数化。美军对作战概念的描述侧重于全局性、战略性问题(如美国空军的全球打击作战概念、全球持续攻击作战概念)，关注点在于能力的提升方法；而国内对作战概念的认识，倾向于描述某型武器装备执行某些典型作战任务的详细对抗过程与作战细节，如具体到某一高度、某一速度等，关注点在于通过作战活动描述直接牵引出装备的具体技战术指标，而对于这些具体技战术指标要求，美军是在其需求开发文件(ICD、CDD、CPD)中提出的。

可以认为，国内对作战概念的认识更为恰当的称谓应为"作战想定"。

1.4　中美作战概念内涵差异对比

美军作战概念都是基于"联合"背景下提出的，如网络中心战、空海一体战等作战概念，主要针对联合作战问题，站在联合作战角度看装备发展需求与作战使用方式。在美军的作战概念中，首先明确各军种在联合作战中的职能分工。美军作战概念的落脚点主要是针对能力差距或能力缺陷，聚焦关注点在提出能力的改进方向或提升方法上，首先是非装备解决方案，其次才是装备解决方案。如空海一体战作战概念，落脚点为空、海军装备作战配合上；F-22 全球打击作战概念，落脚点为 F-22 的能力提升"增量"计划上。

国内的作战概念是基于"型号"背景提出的，主要针对型号研制问题，属于站在型号发展角度看装备的作战使用。我军很多装备的发展是先有型号，后开展作战概念研究。国内对作战概念的认识更为具体、偏向局部，作战概念倾向于描述武器装备执行某些典型作战任务的战术运用，针对性强，内容上主要针对作战对抗过程、作战环节与作战细节。

综合上述分析可以看出，中美对作战概念的理解和作用认识存在较大差异，差异的对比如图 1.3 所示。

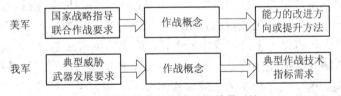

图 1.3　国内外作战概念认识差异对比

剖析造成国内外对作战概念内涵及作用认识存在巨大差异的主要原因，是由于长期以来，我军与美军在装备发展模式上存在的差异所致，美军遵从"基于能力"的装备发展模式，而我军长期以来遵从"基于威胁"的装备发展模式。

1.5　作战概念研究对装备发展的牵引作用

以往的装备发展研究，由于已有现成的发展模板，因此相关的研究总是一头扎入装备的战技指标和技术细节的研究上。在自主创新装备的发展过程中，我军经常会遇到一些难以回答或十分模糊的问题，追根溯源，这些问题的产生总是或多或少地呈现出缺乏前期军事理论指导的现状。许多新装备发展论证中遇到的很难回答的问题，如未来打什么仗、怎么打、在什么条件下打、有什么样的体系支撑等问题，这些问题是单纯的技术研究难以回答的。

历史和外军的经验也已经表明，军事思想创新是军队转型建设的关键所在。军事思想牵引与现实需求辨识，甚至胜过了技术和武器装备本身的进步。先进的军事思想在推动武器装备、军队编成、作战方法发展与变革方面起着十分重要的作用，现实需求的准确辨识对未来武器装备适用性发展的牵引作用越来越明显。创新军事思想对武器装备发展的超前性牵引，主要体现在牵引武器装备的整体发展方向、战技术性能、发展的重点技术和领域、发展的数量规模与结构等四个方面。

美军和俄军历来十分重视军事理论创新对装备发展与作战能力建设的超前性牵引作用。前苏军的"大纵深突击"作战理论，对前苏联的坦克和战斗机的发展产生了深远的影响，战略机动性很强的T80系列坦克、苏-27外线制空战斗机和米格-29内线制空战斗机"远近搭配"的设计模式，均是在"大纵深突击"作战理论的牵引下发展的适用性装备。美军在20世纪80年代初提出的"空地一体战"理论直接牵引了M-1"艾布拉姆"坦克、十字军火炮、阿帕奇直升机、科曼奇直升机、F-22等装备的发展。美军1997年4月提出的"网络中心战"概念牵引了数据链的大量装备和战场信息体系的全面建设，并通过科索沃战场对"网络中心战"概念进行了实战验证。近年来，美军军事理论的创建与实验周期越来越短。在先进军事理论的牵引下，美军不断研发出新型"主战武器"，从而为美军在近几次局部战争中屡屡获胜提供了保障。

作战概念研究是军事思想和军事理论研究在装备发展和作战能力建设领域的具体体现，作战概念研究的实质就是设计未来战争。面向未来的发展，通过科学预测，可以预先主动设计未来战争；面对现实威胁，通过合理判断，可以主动应对未来危机。战争设计是改变未来战争"游戏规则"的重要手段，是连接战略需求与作战能力的桥梁，是探求未来战争是什么样、未来战争怎么打、打赢战争需要什么能力的根本途径，是未来先胜之基。

设计未来战争首先要提出先进的作战概念，进行概念开发，形成作战构想，通过评估验证确认后，将概念构想转化为作战体系建设，形成体系作战能力。面向未来的预先设计，可以迫使敌人跟随我方的规则作战，使战争的节奏和进程均在自己的掌控之中，先手敌方掌握战争主动权，这一点在近年来的战争实践中，体现得尤为明显。在美军最近参与的四次大规模局部战争中，无论是战争的进程，还是战争的结局，几乎都在美军的设计控制之内，战争的进程完全按照美军事先在实验室中设计的进程推进。人类历史无数次证明，战争的胜负首先不是在战场之上，而在战场之外，在战争之前，在头脑里，在实验室中。

美军经过长期的实践，对作战概念的研究形成了十分完善的套路，从高层阐述到指挥所推演，从工业部门装备研制响应到作战部队实装验证，环环相扣，相互反馈，形成了良性的闭环研究回路。因此，深入研究剖析美军的作战概念的内涵、产生背景和作用意义，将为我军作战概念研究提供十分有益的借鉴。

第 2 章　分布式作战

分布式作战是美军着眼未来强对抗环境而提出的新型作战概念。从美军近期信息化作战的发展趋势看，分布式一体化集成、一体化分布式使用的趋势越来越明显。简要地说，就是对战场分布式信息源的信息、作战平台的火力进行一体化集成，综合使用；对战场的各作战单元在一体规划下分布式使用，各作战单元在分布状态下按预先的规划和作战规则自主实施作战行动。作战单元的分布部署和战场的空间范围涉及陆海空天电五维空间，分布式作战概念具有全域力量覆盖、跨域能力融合的一体化特点。近年来，美军积极探索分布式作战相关的概念与技术，在空中、海上、空间、进攻与防御等领域均开展了相关研究与实践。

2.1　分布式作战概念解析

分布式作战概念的核心思想是：将高价值大型装备的功能分解到大量小型平台上，小型平台的功能相对简单，成本较低，多样化的小型平台组合使用形成综合功能。由具有综合功能的大型平台与多个具有不同功能的小型平台联合组成分布式作战系统，分布式作战系统借助战场网络和智能化技术，通过协同、自主等方式执行作战任务。分布式作战系统中的各作战节点可由中心节点统一指控，按任务规划或实时指令实施作战行动；也可分散、独立地按预先的任务规划和作战规则自主决策，自主实施作战行动。在高危、复杂的战场环境中，相比高价值平台组成的作战系统而言，分布式作战系统可以获得更高的整体作战效能。

分布式作战系统具有整体成本低、系统灵活性强、战场生存性高等优势。下面介绍分布式作战的典型能力特征。

1. 任务协同

分布式作战从网络中心战的指挥协同、信息协同、火力协同向任务协同层面提升。

任务协同不单是指按时间进程、空间分布进行协同，而是指在发挥各平台能力优势的条件下，按时间进程、空间分布进行自适应协同，实现了作战力量能力的最大化。

如果要做到任务协同，则需要达到信号协同的量级，使分布式作战中的作战平台由信息层面的协同提升为信号层面的协同，从"火力协同"升级为"任务协同"，实现作战力量的功能一体化。通过"云协同"，将体系内的作战资源整合为一体，供体系内的每一个成员以定制服务方式共享使用。

2. 高度灵活

分布式作战具备强大的战场任务自适应能力，具备体系结构重组、功能重新定义、任务动态调整等能力，为在强对抗、快节奏作战环境下的敌我博弈占有先机提供可能，并能迫使敌方投入更大资源用以防御，敌消我长，效能倍增。

装备体系和装备使用高度的灵活性可为完成预定任务提供多项选择，并可为在强对抗、快节奏作战环境下的敌我博弈提供充足的应变手段。

装备体系的灵活性包括装备构型、使用和任务灵活性三方面的内容。由于武器装备技术越来越复杂，武器装备费用越来越高，使得装备体系和平台作战使用的灵活性成为未来装备体系建设对武器装备发展的基本要求。

装备使用高度的灵活性是由"云网络"独具的资源分布式结构以及服务式状态的技术属性所提供的。

在此技术属性的支撑下，体系的架构可重组，若再辅之于装备功能可定义的特性，则基于"云网络"的作战体系就成了随需求而变的"变形金刚"。

3. 互操作

分布式作战从互联、互通向互操作能力提升。

互操作能力相当于手机的照相功能。第一阶段是当照相机用，照片存起来，下载后使用；第二阶段则可以通过网络将照片发送给他人；第三阶段则可以远程操控他人的手机照相并发给自己，这在技术上不存在任何问题。

从一些背景材料看，美国空军"航空航天战斗云"概念是处于互联互通、快速数据交换的信息共享层面上。

从技术层面看，支持互操作对链路的要求很高，要像"云"的不均匀分布一样，在局部区域实现互操作，这在技术上是可行的，而在广域上仍处在信息共享层面上。

4. 经济高效

分布式作战利用 C^4ISR(自动化指挥系统；C 代表指挥、控制、通信、计算机，四个字的英文开头字母，I 代表情报，S 代表电子监视，R 代表侦察)网络实现异型异构跨域协同，按需使用；发挥各种平台的能力优长，按能使用；能力互补、物尽其用，各种各类作战平台发挥比较优势，以综合效果最佳状态参与作战，有效降低作战成本。

5. 战场管理相对简易

大规模联合作战的筹划、组织和战场管理十分复杂，尤其是在强对抗、快节奏的现代作战样式下，面对战场瞬息万变的态势，动态调整的难度极大，涉及复杂的技术、装备和决策问题。在分布式作战概念下，可事先将涉及复杂计算的技术和装备问题以模型的形式注入"云网络"节点的计算机内，采用分布式"云计算"方法为战场管理实时提供动态技术和装备解决方案。指挥和作战人员只重点关注计算机难以完成的模糊、多元等决策问题。

因此，相对简易不是指技术层面，而是指操作层面。系统背后支撑的技术和体系是十分复杂的，但作战操作相对简单的。支撑复杂、操作简单是"云"概念功能的实质之一。终端灵活高效，功能可重组，可重新定义，后台支持十分复杂。

2.2 分布式作战的典型概念

对于分布式作战概念，美军各军兵种均积极响应，各自提出了适用于本军兵种的分布式作战概念即空中分布式作战、航空航天战斗云、海上分布式杀伤、空间分散体系结构、分布式防御等。

2.2.1 空中分布式作战

空中分布式作战概念的核心思想是：不再由当前的高价值多用途平台独立完成作战任务，而是将能力分散部署到多种、多个平台上，由多个平台联合形成作战体系共同完成作战任务。作战体系将包括少量有人平台和大量无人平台。其中，有人平台的驾驶员作为战斗管理员和决策者，负责任务的分配和实施；无人平台则用于执行相对危险或相对简单的单项任务(如投送武器、电子战或侦察等)。

美军提出空中分布式作战概念的主要起因是：面对中俄等国越来越强劲的技术进步、装备发展和军事能力提升，以多个平台联合形成作战体系共同完成任务，以体系优势抵消与对手的技术均势。

为实现空中分布式作战，美国国防部高级研究计划局(DARPA)启动了多项技术支撑研究项目，如"分布式作战管理"(研究分布式战场管理)、"拒止环境中的协同作战(CODE)"(研究分布式无人机自主协同)、"体系综合技术和实验(SoSITE)"(研究分布式体系架构和技术集成工具)、"对抗环境中的通信"(研究数据链路)等项目，并安排了"小精灵"、无人机"蜂群"(开发分布式装备)等装备项目的研发。

1. 分布式作战管理(DBM)

2016 年 5 月 3 日，美国空军研究实验室(AFRL)信息处代表 DARPA，向洛克希德·马丁公司(以下简称洛马公司)授予了"分布式作战管理"(DBM)项目的第二阶段合同，合同总金额为 1620 万美元。合同要求洛马公司发展一体化分布式作战管理能力，以在强对抗环境中管理空对空和空对地作战。DBM 第一阶段的重点是发展算法和人机接口。

按照合同要求，洛马公司将设计全功能的 DBM 决策辅助软件原型，并在大规模仿真和真实飞行环境下(以及虚拟战斗机)进行演示验证。

图 2.1 为 DARPA 描绘的 DBM 项目假想的作战应用场景。

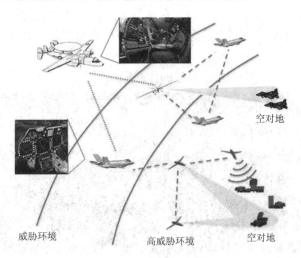

图 2.1 DBM 项目假想作战应用场景

"分布式作战管理"(DBM)项目旨在发展决策助手，帮助操作人员在对抗环境中、在数据链遭到干扰的情况下，仍能有序指控有人驾驶平台和无人驾驶平台，以及由这些平台的传感器、电子战系统和武器组成的体系级网络。DBM 既可瞄准作战管理平台，又可用于战斗机个体，也可以实现自主性、态势理解和操作员工具三种功能的算法。自主性算法使战斗机驾驶员能够管理无人驾驶的僚机；态势理解算法能在网络间利用最少的带宽融合和共享通用态势图像；操作员工具算法允许在通信得不到保障的环境中自适应规划任务和控制平台。

在 DBM 项目假想的作战应用场景中，美军由一架 E-2D 作战管理飞机、一架配备 IRST(Intel Rapid Storage Technology，英特尔快速存储技术)的无人机和数架 F-35 战斗机组成空空任务编队。E-2D 处于对抗环境之外；F-35 主要处于对抗环境，并有可能进入高度对抗环境；无人机则可能深入高度对抗环境之中，与图 2.1 中所示的俄制 C-300 防空系统进行对抗(实施干扰和打击)。图 2.1 中上方的两架 F-35 战斗机通过一架外型似为美空军 MQ-9"死神"的无人机互联，无人机通过红外传感器远程发现敌机，并将信息传给 F-35，在整个任务中，无人机还担负通信中继的角色。图 2.1 左下角显示的座舱是美国空军 F-22 战斗机的座舱。

在 DBM 项目概念中，E-2D 被作为作战管理飞机使用，未来将有可能使用功能更为强大的 E-3(E-3G)替代。

2. 拒止环境中的协同作战(CODE)

CODE 项目旨在拓展美军现役无人机的能力，实现在拒止或对抗环境中针对高度机动的地面和海面目标执行动态、远距作战任务。多架装备 CODE 软件的无人机可以导航飞往目的地，基于已经建立的作战规则遂行寻找、跟踪、识别和攻击任务，而且仅需要 1 名任务指挥官的监管。CODE 项目的要点是通过发展协同算法，为现役无人机平台增加自主性，使它们能够自主合作、自主协同，以全面提升无人机编队的自主协同作战能力，使单个操作人员即可控制整个无人机编队执行作战任务。CODE 项目的研究目标是使现有无人机能够通过自主协同编组增加新的能力(例如释放干扰或投射武器)，从而使它们可以在设计初期未曾考虑的高危对抗环境中使用。CODE 项目重点发展 4 项关键技术：单架无人机级别的自主能力；无人机编队级别的自主能力；便于操作人员指挥管理无人机的人机接口；一套开放式架构。

图 2.2 为 DARPA 描绘的 CODE 假想的作战应用场景。

图 2.2 CODE 假想作战应用场景

　　项目第一阶段，验证了无人机自主协同的应用潜力，并起草了技术转化计划；选择了约 20 个可以提升无人机在拒止或对抗环境中有效作战的自主行为；人机接口和开放式架构在基于"未来机载能力环境"(FACE)标准、"无人控制程序"(UCS)标准、"开放式任务系统"(OMS)标准、"通用任务指挥和控制"(CMCC)标准框架下进行研发，并已取得一定进展。

　　项目第二阶段，洛马和雷声公司以 RQ-23"虎鲨"(Tigershark)无人机为测试平台，加装相关硬件和软件，开展了大量飞行试验，验证了开放式架构、自主协同和测试支持框架等指标。

　　CODE 的项目主管表示："第二阶段的飞行试验超出了项目原本设定的目标，朝着项目设想的协同自主能力迈出了一大步。在第三阶段，将通过测试更多数量的无人机继续扩展 CODE 能力，在高度复杂的场景中具备更强的自主行为。"

　　按照计划，项目第三阶段将引入更多无人机在更复杂的场景下开展自主协同飞行测试。据资料报道，2018 年 1 月 8 日，DARPA 宣布，授予雷声公司 CODE 项目第三阶段合同，完成 CODE 项目软件的研发和最终的飞行演示。一旦项目通过全面的演示验证，CODE 所具备的相应能力将极大提升现役无人机的生存性、机动性和作战效能，同时也可以降低未来无人机的研发周期和成本。

3. 体系综合技术与实验(SoSITE)

　　SoSITE 项目是空中分布式作战的项目之一，图 2.3 为 DARPA 描绘的 SoSITE 假想作战应用场景。

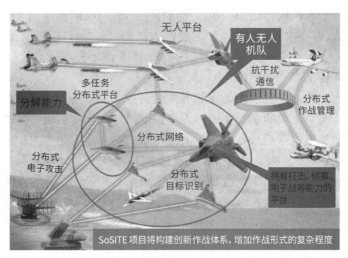

图 2.3　SoSITE 假想作战应用场景

　　SoSITE 项目聚焦于发展空中分布式作战的概念、架构和技术集成工具，旨在通过体系集成的方法保持空中优势，把包含飞机、武器、传感器和任务系统的航空作战能力分布于大量可互操作的有人和无人平台上，分散化部署，集成化使用。

　　在过去的几十年中，美军一直致力于研究发展高性能武器平台，虽然这些高性能武器平台非常先进，但造价却非常昂贵，且研发周期长，以至于装配的电子部件在正式服役时便已经落后。与此同时，当前先进技术越来越容易从民用市场获取，若美军继续研制传统的高精尖武器模式将很难在竞争对手中保持领先优势。因此，美军希望通过 SoSITE 项目的研制，能够提高多种武器平台的整体作战效能，更加快速且低成本地把全新技术和系统集成到现有的航空作战系统中。

SoSITE 项目将利用现有航空系统的能力，使用开放系统架构方法在各种有人平台和无人平台上分散关键的任务功能，如电子战、传感器、武器、作战管理、定位导航和授时以及数据链等，并为这些可互换的任务模块和平台提供统一标准和工具，如有需要可以进行快速的升级和替换，从而降低全新航空系统的研发成本和周期，并使美军运用新技术的能力远快于竞争对手。DARPA 还设计了未来基于 SoSTIE 体系作战的典型作战模式。在该典型作战模式中，首先，无人运载平台将装载充足的小型巡航导弹和小型无人机在敌方防区范围外飞行，由无人运载平台投放小型无人机对敌方雷达目标进行电子侦察和干扰，并作为中继平台将目标情报传送到战斗机。然后，由战斗机飞行员拟制目标打击方案并从无人运载平台上发射大量小型的、廉价的巡航导弹对目标实施打击。

SoSITE 项目将持续两年时间，主要围绕两个技术领域展开研究：一是体系架构概念分析，DARPA 已经授予波音、通用动力、洛马、诺格 4 家公司研究开发合同；二是支撑体系架构的集成工具研发，DARPA 已选定 Apogee 系统公司、BAE 系统公司和洛克韦尔·科林斯 3 家公司负责开发相应工具和技术，以更好地实现系统集成。

4. "小精灵"无人机

长期以来，美军不断提升有人战斗机的各项性能，在设计制造、作战使用和更新替换等环节的资金投入巨大。在国防预算有限的大环境下，美军开始考虑采用分布式低成本无人机集群替代有人战斗机执行任务。2014 年 11 月 7 日，DARPA 发布"分布式机载能力"信息征询书，对大型运输机/轰炸机发射回收无人机的可行性开展评估。DARPA 希望开展相关概念的验证，并计划引入此前"自主高空加油"(AHR)和"战术侦察节点"(TERN)等项目的成果，由此诞生了"小精灵"(Gremlins)项目。

根据空中分布式作战的要求，需要部署大量具备自主协同、分布式作战能力的小型无人机，若这些无人机可回收和重复使用，美军将能以较低成本实现更高的作战灵活性。但截至目前，远距离投放大量低成本、可重复使用系统并在空中回收的技术一直未能实现。为突破该技术，DARPA 启动了"小精灵"项目。DARPA 认为，在没有可靠陆基或海基着陆点时，空基回收将是小型、大作战半径无人机最简易和最低成本的保障方案，还具有对无人机性能影响最小和再次发射迅速等优势。因此，"小精灵"项目的目的是通过探索小型无人机集群的空中发射和回收等关键技术，项目的主要目标被定为探索小型无人机集群空中发射和回收的可行性，并最终通过试验进行验证。

C-130 运输机投放"小精灵"无人机的概念想象如图 2.4 所示。

"小精灵"项目作战概念的描述是：从敌防区外的大型飞机(C-130 运输机、B-52/B-1 轰炸机等平台)上发射/投放成群的小型、低成本、可消耗、具有自主协同、分布执行任务能力的无人机，投放小型无人机的大型平台可以是轰炸机、运输机，也可以是战斗机及其他固定翼平台。投放出的小型无人机在空中组网，在渗透到敌防区内之后，依据任务要求，针对特定目标共同执行 ISR、电子攻击或目标定位等作战任务。小型无人机也可与其他有人平台协同执行 ISR、电子战、破坏导弹防御系统等作战任务。小型无人机执行任务完成后退出敌防区，由大型运输机(C-130)在空中最大限度进行回收。回收后将其运回地面，进行必要的整理、保养、维护、装订，为其 24 小时内执行下一次作战任务做好准备。利用空中回收系统回收小型无人机的概念常被媒体称为"飞行母舰"。

"小精灵"无人机空中投放回收概念如图 2.5 所示。

图 2.4　C-130 运输机投放"小精灵"无人机的概念想象图

图 2.5　"小精灵"无人机空中投放回收概念图

DARPA 计划研发的"小精灵"无人机，可执行更加高效、成本低廉的空中分布式作战任务。该无人机将可从较大型飞机上投放，执行任务后实现空中回收，每架"小精灵"无人机预期可执行约 20 次任务。

"小精灵"项目探索的关键技术，着眼于支持美军为未来大国对抗而聚焦发展的空中分布式作战概念。空中分布式作战概念不但将颠覆当前以 F-35 等大型多功能平台为核心的作战样式和装备发展思路，给作战对手的防御带来重大挑战，还可能成为未来大幅降低作战成本的重要途径。

"小精灵"通过减少有效载荷和机身成本，与设计使用数十年的传统平台相比，任务成本和维护成本都要低得多，与可抛弃系统相比具有明显的成本优势。此外，"小精灵"项目发展的无人分布式感知和瞄准系统技术，也可用于当前的"死神"等现役无人机上，为这些无人机增加了新的任务能力。

"小精灵"无人机作战概念如图 2.6 所示。

图 2.6 "小精灵"无人机作战概念图

　　根据 DARPA 的设想，这些低成本空射小型无人机在空中相互之间组网，相互协作组成任务功能完备的作战综合体。在执行任务过程中，幸存的无人机能够及时弥补某些无人机损失之后所引起的任务功能缺失。DARPA 希望这些无人机能够用于在高危对抗空域中执行危险任务，例如攻击之前的侦察与监视任务，以及通过电子攻击摧毁或瘫痪敌通信系统、导弹防御系统与战场网络系统。

　　图 2.7 为 C-130H 在防区外群射"小精灵"对付敌防空系统示意图。

图 2.7 C-130H 在防区外群射"小精灵"对付敌防空系统示意图

　　从图 2.8 所示的"小精灵"作战构想来看，"小精灵"无人机与母机(C-130 运输机)、防区外的 F-35 战斗机和后方的"小精灵"之间都有通信连接。

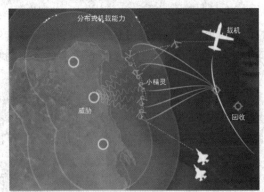

图 2.8 DARPA 提出的"小精灵"作战构想

　　DARPA 提出的关键赋能技术包括：空中发射与空中回收技术；设备载荷与机体一体化概念设计；低成本、可消耗的结构设计；有限寿命设计；自动复飞策略；精确的数字飞行控制与导航；空中加油技术；小型高效涡轮发动机；燃料箱自动惰化与发动机自动关机技术；小型分布式载荷集成技术；精确位置保持技术。

2015 年 9 月 16 日，DARPA 公布"小精灵"项目跨部门公告，寻求强对抗环境下空射型低成本小型无人机集群创新技术及系统解决方案，设计低成本、可重复使用的"小精灵"无人机以及机载型无人机发射回收设备。

DARPA 计划分三个阶段推进"小精灵"项目：第一阶段，进行无人机概念验证和空中发射回收设备概念验证，由复合材料工程公司、动力系统公司、通用原子公司、洛马公司等 4 家公司承担；第二阶段，在第一阶段 4 家公司中选出 2 家公司并授予合同，开展技术成熟和风险降低工作；第三阶段，将在第二阶段 2 家公司中选择 1 家并授予合同，开展原型机制造、集群飞行演示以及空中发射回收演示。

2016 年 3 月，DARPA 向复合材料工程公司、动力系统公司、通用原子公司、洛马公司授予总金额 1610 万美元的"小精灵"项目第 1 阶段合同，正式启动技术研发工作。

2016 年 9 月 20 日，在美国空军协会举办的 2016 年度空天网大会上，美国通用原子公司展示了其在 DARPA "小精灵"项目中发展的全尺寸无人机方案，如图 2.9 所示。

图 2.9　"小精灵"全尺寸无人机模型

2016 年 7 月，复合材料工程公司透露该项目将于 10 月中旬之前进入第 2 阶段。

2016 年 9 月，通用原子公司战略发展部副总裁在美国空军协会会议上表示，该公司正在研发可空中发射回收"小精灵"无人机的机械臂。

"小精灵"无人机发射回收设想如图 2.10 所示。

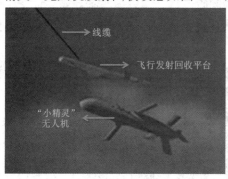

图 2.10　"小精灵"无人机发射回收设想

对于回收无人机的技术的研究，DARPA 早有布局。目的是在没有航母的情况下，为美国的全球部队提供强大的空中作战能力。DARPA 在"战术侦察节点"(TERN)项目的第 1 阶段安排了"侧边吊臂"子项目，旨在发展一套独立且便携的装备，可以水平发射和回收最重 410 kg 的无人机。2017 年 2 月 6 日，DARPA 宣布，其"侧边吊臂"项目原型系统在试验中成功捕捉了全速飞行的全尺寸无人机。该项目被评为 2017 年 DARPA 十大热点新闻。该项目所研究的技术可以被"小精灵"无人机的回收借鉴。

"侧边吊臂"子项目试验示意图如图 2.11 所示。

图 2.11 "侧边吊臂"子项目试验

2017 年 3 月，DARPA 选择动力系统公司和通用原子公司进入第 2 阶段研制，两家公司设计了全尺寸方案，验证了关键技术，开展了飞行试验，并进行了 C-130 运输机回收系统的空中风险减低测试。

2018 年 5 月，在 DARPA 官方发布的"小精灵"最新进展视频中，DARPA 论述了"小精灵"项目的 5 个特点：

(1) 更小的机身尺寸；

(2) 减少对空军基地的依赖；

(3) 降低每个任务的成本；

(4) 允许使用和分布多个高保真传感器；

(5) 可以承担重大的操作风险。

Sierra Nevada 公司被选为 DARPA "小精灵"项目的最后阶段参与者。在 DARPA 官方发布的视频中，用动画演示了"小精灵"的回收过程，飞行器与捕获装置像空中加油一样对接，捕获装置将飞行器捕获后，利用机械装置将飞行器提升固定并收回到机舱内。回收过程如图 2.12 所示。

图 2.12 "小精灵"空中回收过程

在 DARPA 官方发布的视频中宣称，"小精灵"项目的回收系统包含复杂的创新技术：安全抗干扰视距通信、可混合协同完成复杂任务目标的传感器载荷套件、无人系统蜂群在最小监管情况下共同行动的自主能力、拒止环境下精确导航定位等技术。

5. 无人机"蜂群"

无人机"蜂群"是分布式作战概念的另一种表现形态，可与"小精灵"项目平行开展研究。作为第三次"抵消战略"的一部分，美国国防部设想以大量无人机"蜂群"压制敌方防空体系的作战方式。

2017 年 1 月 27 日， DARPA 发布了"进攻性蜂群战术"(OFFSET)项目的跨部门公告(BAA)初稿，并在 2 月 8 日进行了更新。该项目将基于增强现实、虚拟现实等游戏技术以及手势、触碰和触感装置等，发展可以控制蜂群的原型系统。该项目的概念出现在 2016 年秋季，当时美空军提出了作战人员可以使用手势控制无人机蜂群的作战场景想定。

DARPA 在公告中提出，"蜂群"系统能力有 5 个关键使能元素，如图 2.13 所示。

(1) 蜂群自主性；

(2) 人-蜂群编组；

(3) 蜂群感知；

(4) 蜂群网络互联；

(5) 蜂群逻辑。

OFFSET 项目的愿景，就是促进蜂群自主性和人-蜂群编组取得革命性进步。

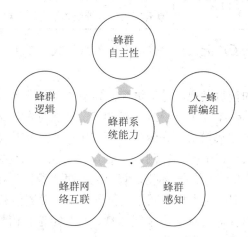

图 2.13　"蜂群"系统能力 5 个关键使能元素

智能无人机集群是指将大量无人系统基于开放式体系架构进行综合集成，以通信网络信息为中心，以系统群智能涌现能力为期望，以平台间的协同交互能力为基础，以单平台节点作战能力为支撑，构建具有抗毁性、低成本、功能分布化等优势和智能特征的作战体系。无人机集群作战系统可以利用体系优势对冲与对手在技术上的均势。无人机集群作战系统以多元化投送方式快速投送到目标区域遂行多样化军事任务，包括与其他武器平台协同攻击海上、空中、地面目标及情报侦察监视系统(ISR)等，实现对热点地区战略威慑、战役对抗、战术行动。

2016 年 4 月，美军发布了《小型无人机(SUAS)系统路线图 2016—2036》。该路线图由分管情报侦察监视的副参谋长 Robert P.Otto 中将签署并发布，凸显了小型无人系统及其集群对于 ISR 的重要意义。路线图中计划将 SUAS 集成到美国空军的 ISR 资产组合中，帮助美国空军满足未来作战人员在复杂和强对抗作战环境中的需求。

美军已开始研制试验的几种典型智能型无人机蜂群如表 2.1 所示。

表 2.1 美军研制试验的几种典型智能型无人机

项目名称	管理部门	项目介绍
BAE "狼群" (WOLFPACK)	DARPA 先进技术办公室(ATO)	用于探测、识别和定位以及干扰各种雷达和通信设施
低成本无人机集群技术(LOCUST)	美国海军研究办公室(ONR)	通过自适应组网及自治协调，对某个区域进行全面侦察并对指控系统等关键节点进行攻击
灰山鹑(Perdix)	美国国防部战略能力办公室(SCO)	微型无人机集群，执行侦察任务
小精灵(Gremlins)	DARPA	具备组网协同功能，携带侦察或电子战载荷，可回收使用
进攻性蜂群使能战术(OFFSET)	DARPA	设计、研发并验证蜂群系统架构，推动新型蜂群战术的创新、互动和集成，提升部队的防御、火力、精确打击效果及"情报、监视与侦察"(ISR)能力
体系集成技术和试验(SoSITE)	DARPA	开发并实现用于新技术快速集成的系统架构概念，无需对现有能力、系统或体系进行大规模重新设计

从目前掌握的资料来看，无人机"蜂群"的作战模式有以下几种。

1) 侦察探测模式

对地海面大型目标的搜索发现、定位跟踪无异于"大海捞针"，利用外部手段(例如天基探测)实现目标概略定位后，通过无人机"蜂群"完成大面积覆盖式扫描探测与跟踪，是未来可能出现的一种典型作战模式。在该作战模式中，利用重构宽频带天线、超宽带低噪复用信道等技术，实现侦察、干扰、探测、通信 4 种功能在系统架构、天线设计、信道复用、数据处理、信息融合等层面的一体化，解决无人机"蜂群"在有限载重下的载荷复用问题。同时，"蜂群"内部各无人机之间通过位置共享、探测信息共享，多源/多模信息融合可高效实现"蜂群"整体对目标的多基线测量、交叉定位、信号特征增强、交叉印证，最终实现对目标的有效发现、识别、跟踪。

2) 诱饵模式

利用大量低成本的无人机或其他类型的飞行器作为诱饵，在高危作战环境中对敌方综合防空系统实施压制，以提升空中进攻性作战任务的成功率。

针对这种作战模式，DARPA 开展了"小型空射诱饵"(MALD)先进概念技术演示项目，如图 2.14 所示。MALD 计划承担 4 项作战任务：抢先式摧毁、反应式压制、迷惑敌方和使敌方防空系统饱和。其中每种空中作战任务都采用 MALD 去引诱对方综合防空系统，然后用 AGM-88 高速反辐射导弹(HARM)去摧毁敌方地空导弹阵地，或者让敌方消耗导弹去攻击 MALD 诱饵。

图 2.14　MALD 作战概念

美国空军的"小型空射干扰机"(MALD-J)是在 MALD-J 基础上开发的升级版本。美国空军计划采用 B-52H 轰炸机和 F-16C/D 战机作为 MALD-J 的携载和发射平台,两种飞机将分别携载 16 枚和 4 枚"小型空射干扰机"。未来计划将携载平台扩展到 F-15C-E、B-1B、 C-130、A/OA-10、B-2、F-22 和 F-35 上。

图 2.15 为 B-52H 携载 MALD-J 的情况。

图 2.15　B-52H 携载的 MALD(一架 B-52 可携载 16 枚 MALD)

MALD-J 可在高威胁的交战区域内,干扰地面预警和火控雷达,突防敌方空域,提升飞机在敌综合防空系统威胁下的生存能力。MLAD-J 既能完成诱骗任务,又能作为防区内干扰机使用,通过任务规划,在任务航线的每个航线点,可以将诱饵变为干扰机,或将干扰机变为诱饵。防区内干扰是技术和战术的结合,其中搭载了干扰机载荷的无人机在威胁雷达近距离处部署,处于地空导弹的杀伤范围中。通过这种方式,为其他空中作战平台提供掩护。大量低成本无人诱饵的出现,将使未来的防空作战面临很大的挑战。

3) 攻击(察打一体)模式

无人机"蜂群"通过自主规划能力、编队协同、人机接口和开放式架构,适应了带宽限制和通信干扰,减少了任务指挥官的认知负担,支撑了拒止环境下的协同作战。

由于自身平台限制,无人机"蜂群"无法携带较大当量的常规杀伤武器,因此在目标打击阶段可行的方式有以下两种:一是智能精确打击模式,即蜂群内部互相协作,自主选择目标、攻击形式、编队形式，通过多点、多次、快速打击，以小火力或自杀式攻击实现对重点目标、关键部位的重复精确打击；二是电磁干扰压制模式，即不采用传统的杀伤性武器系统，利用自身携带的多功能侦察干扰一体化载荷，对目标实施电磁干扰压制，例如DARPA 的"小精灵"无人机蜂群。

在分布式无人机"蜂群"作战概念的牵引下，美军展开了多项装备探索研究，并依托新概念装备对分布式无人机"蜂群"作战概念进行了演示验证。

2017 年 1 月 9 日，美国国防部发布消息称，国防部长办公厅下属的战略能力办公室(SCO)于 2016 年 10 月 25 日，在美国海军航空系统司令部(NAVAIR)位于加利福尼亚州的中国湖试验场，成功完成了一次大规模的微型无人机"蜂群"演示，创下了世界上已知最大规模的军用无人机"蜂群"纪录(目前已知的最大规模无人机编组飞行由美国英特尔公司保持，该公司在 2016 年 11 月 4 日宣布完成了由 500 架无人机实施的灯光飞行表演)。SCO 开展此项"蜂群"研究直接瞄准快速生成实战能力，而验证演示所展现的项目最新进展显示了美军空射无人机"蜂群"正朝实战化方向迈进。

在这次演示中，美国海军 3 架 F/A-18F "超级大黄蜂"战斗机，在马赫数(340 m/s)为 0.6 的速度下，利用外挂的投放装置连续投放 103 架 SCO 资助发展的"灰山鹑"小型无人机。"灰山鹑"无人机由 SCO 与美国麻省理工学院的林肯实验室联合开发，是一种一次性使用的无人机。这群小型无人机在地面站的指挥下，通过机间通信和协同，形成"蜂群"，成功演示了地面站设定的集体决策、自修正和自适应编队飞行等 4 项任务。这是该无人机的第 6 次投放试验。

图 2.16 为 F/A-18F 战斗机编队准备投放大量"灰山鹑"无人机。

图 2.16　F/A-18F 战斗机编队准备投放大量"灰山鹑"无人机

3 架 F/A-18F 投放"灰山鹑"的地面站遥测视频截图如图 2.17 所示。

图 2.17　3 架 F/A-18F 投放"灰山鹑"(地面站遥测视频)

　　美国国防部称，这群无人机并未进行预编程，而是共享一个分布式大脑，这使它们能够自适应编队；无人机在"蜂群"内部传递信息，同时也与多个指挥站通信。尽管无人机可能自己改变飞行方向，但是"灰山鹑"的操作员能够指挥该机执行某项任务并能预测"蜂群"的行为。

　　为"蜂群"设置目标点，"蜂群"开始飞向左侧红点列代表位置的视频截图如图 2.18 所示。

图 2.18　为"蜂群"设置目标点(左侧红点)，"蜂群"开始飞向左侧红点列代表位置

"灰山鹑"蜂群完成地面控制员设定的第 4 项任务的视频截图如图 2.19 所示。

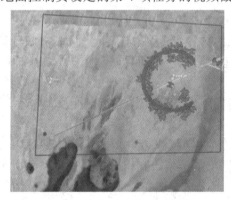

图 2.19　"灰山鹑"蜂群正在完成地面控制员设定的第 4 项任务

　　在完成 4 次任务后，"蜂群"绕设定的中心点进行半径约 100 m 的绕圈飞行视频截图如图 2.20 所示。

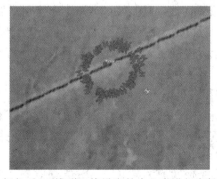

图 2.20　在完成 4 次任务后，"蜂群"绕设定的中心点进行半径约 100 m 的绕圈飞行

"灰山鹑"无人机可从战斗机的干扰弹发射装置投放,飞往低空执行侦察任务。在被投放前,该无人机的前部和后部机翼都可以折叠起来,以装入干扰弹发射筒,飞行时依靠尾部一个螺旋桨推进。2014 年,美国空军的 F-16 战斗机进行了该无人机的投放试验;2015 年,在美国空军于阿拉斯加举行的"北方利刃"演习中共投放了 90 架该无人机。除了空中投放,该无人机也可从地面或海上发射。

图 2.21 为准备从地面发射的"灰山鹑"无人机。

图 2.21 准备从地面发射的"灰山鹑"无人机

在 2016 年夏季,SCO 主任威廉·罗珀(William Roper)在对记者们谈起"灰山鹑"时曾表示:"战斗机是快速移动的物体,这意味着不能飞太低并执行侦察任务,特别是当你正从某个很不利的角度尝试观察某些隐匿的事物时。因此,如果你部署能够观察并巡飞、通过无线电向母机回传信息的'灰山鹑',是一件非常有意义的事情"。尽管 SCO 迄今仅描述了"灰山鹑"在低空执行高危环境下的侦察任务的能力,实际上该无人还可能有很多其他用途。

本次演示显示,美军空射微型无人机"蜂群"朝实战化方向迈进一大步。本次演示与美军其他机构及他国目前开展的类似研究相比,具有 4 个重要特点。

(1) 微型无人机已经做到高成熟度和低成本。SCO 已对"灰山鹑"进行了 500 多次试验(包括多次空中投放),发展了六代产品,累计试飞了 670 多架;该机采购单价估计不超过 3 万美元,比 1 枚 ADM-160B "微型空射诱饵"至少低 90%。可认为,该机已做到高成熟度和低成本,今后的重点是单机功能拓展和更复杂的"蜂群"演示。

(2) 已解决微型无人机装机综合问题。SCO 首先选择利用战斗机现成的箔条/红外干扰弹发射装置投放"灰山鹑",且每个干扰弹发射筒都可装载 1 架"灰山鹑",不但简化了该无人机的装机综合问题,也直接确保了每架飞机都可配装足够数量的无人机。这一方式已在多次试验中得到检验,获得了成功。

(3) 已开展了作战演习和多机编队投放演示。在美国空军于 2015 年 6 月在阿拉斯加州举行的"北方利刃"作战演习中,SCO 和美军对"灰山鹑"进行了 150 次试验,其中包括 72 次战斗机投放,例如 1 架 F-16 连续投放 20 架"灰山鹑"并形成"蜂群"。最近这次演示的最大突破是 3 架 F/A-18F 编队投放 103 架"灰山鹑",这种多机编队投放方式不仅提供更大的机群规模,也更符合实战情况。

"灰山鹑"由母机投放、支持分布式作战示意图如图 2.22 所示。

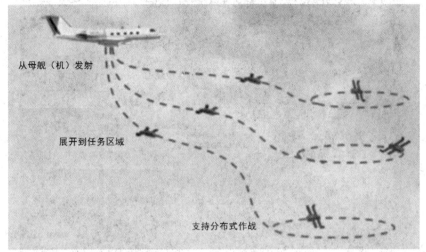

从母舰（机）发射

展开到任务区域

支持分布式作战

图 2.22 "灰山鹑"由母机投放、支持分布式作战示意图

(4) 演示了大规模"蜂群"依托云处理进行自主协同的技术。美国国防部称，本次演示中投放的"灰山鹑"未进行预编程，但机间可以互通，且"共享一个分布式大脑"；同时"蜂群"还与多个地面站通信。该"蜂群"在演示中展现了集体决策、自修正和自适应编队飞行能力，自组织地完成了地面站设定的 4 项任务；在整个任务过程中，新投放的"灰山鹑"可以不断加入"蜂群"并参与协同。这表明该大规模"蜂群"已依托云处理等技术实现了"云协同"。

预计美军今后将重点从单机功能拓展和更复杂的"蜂群"演示两个方面开展进一步研究工作，提升空射微型无人机"蜂群"的实战化水平。单机功能拓展方面，由于美军并不打算仅将"灰山鹑"作为诱饵，因此可能将发展并验证适用于该无人机的侦察、干扰等有效载荷；更复杂的"蜂群"演示方面，预计将着眼高端作战环境进一步扩大演示规模，并解决由军机对"蜂群"进行指挥，进一步提高"蜂群"的自主性，平衡航程有限与作战需求等问题。基于技术的发展，美军或将在世界上率先拥有基于空射微型无人机的"蜂群"作战能力。

2.2.2 航空航天战斗云

2014 年初，美军提出了"航空航天战斗云"概念，"航空航天战斗云"的实质仍是分布式作战概念，可以视为是分布式作战概念在现有装备框架内应用的一个子集。

前面讨论的分布式作战概念均是面向未来发展的，而"航空航天战斗云"概念则是分布式作战概念依托现有装备实现的现实版。

1. "航空航天战斗云"概念解析

关于美国空军"航空航天战斗云"概念的背景材料十分有限，只有相对粗浅、简单的定义。

"航空航天战斗云"示意图如图 2.23 所示。

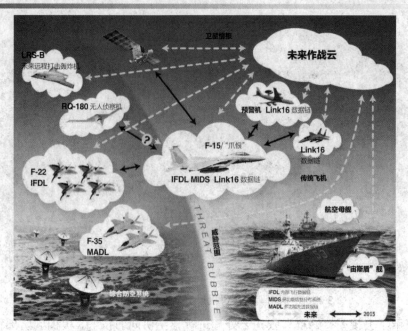

图 2.23 "航空航天战斗云"示意图

通过对相关资料的阅读分析，以及对"航空航天战斗云"定义的深入解读，可以认为，"航空航天战斗云"是一个升级版的网络化作战体系，其概念内涵具有以下特点：

(1) 技术特点：分布式网络、功能服务式架构、快速数据交换、异构平台功能融合。

(2) 能力特点：生存性高(分布式结构)、效费比高(一机多能，超强核心带动一般群体)、灵活性高(资源运用按需使用，可动态调整；各类平台按能使用，发挥比较优势；平台功能面向战场自适应，结构重组可重组，功能可重新定义)。

(3) 协同层面：异构平台的跨域自适应任务协同。

(4) 作战效果：实现从"综合火力打击"向"综合效果作战"的转变，核心是实施跨域联合作战。

"航空航天战斗云"概念的几大关键要素为：分布式资源共享、按需提供服务、动态可重组架构。

2. "航空航天战斗云"概念特点

美军提出的"航空航天战斗云"概念最值得关注的有以下三点。

1) 提出了一种新的作战组织架构

提出了一种新的作战组织架构，为体系战斗力大幅提升创新了一种途径。在这种新的作战组织架构中，可能会出现两种发展趋势：一是"战斗云"中平台角色复合化，既是传感器也是射手。从技术角度讲，未来的作战飞机，既可以是传统定义的战斗机、轰炸机，也可以是电子战飞机、预警机等，利用"航空航天战斗云"可以开发和使用它们的非传统能力。二是"航空航天战斗云"中平台角色单一化，一个平台只干一种事，组合起来执行复杂任务，与美军提出的"蜂群"概念基本相同。

2) 核心观念是跨域的优势协同

跨域的优势协同是"航空航天战斗云"的核心观念。"航空航天战斗云"通过利用数据链网络，加速跨域的传感器和射手之间的数据交换，提升各自的效能，达到按需使用；通过跨域的协作，不仅提升了各自的效能，而且还可以弥补各自的不足；通过"航空航天战斗云"的跨域优势协同，产生自组织、自协同的综合作战联合体，能利用更少的资源，提供更多、更快捷的应用途径，并降低消耗和伤亡。

3) 需要灵活的体系架构和超强的网络能力

要实现"航空航天战斗云"作战概念，需要深入研究体系架构和网络架构，用不同的技术途径来解决面向任务灵活重组、网络安全性和数据带宽的挑战。在"航空航天战斗云"内或节点间，需要自动连接指挥/控制方式，无需人工交互就能完成数据的无缝传输，并具有较高的可靠性、安全性和抗干扰能力。

3. 美军提出"航空航天战斗云"概念的背景分析

通过对美军网络化作战发展历史脉络的分析和背景资料的深入研读，美国空军提出的"航空航天战斗云"概念可能是基于以下背景和原因的。

(1) 美国空军战略转型发展的需要。近年来，美军一直在大力推行军队转型建设，航空航天一体化是美国空军转型建设和发展的目标。美国空军掌握着美军 90%以上的空间资源，但同样面临着航空与航天资源分离，无法一体化应用的现实问题。随着美空军战略转型建设的逐步深入，航空航天资源的一体化运用显得更为突出，借鉴"云技术"思想，提出"航空航天战斗云"可视为美国空军持续提升航空航天资源一体化运用能力的一种新举措。

(2) 网络化作战理论与实践发展的延续。美军是网络化理论的"鼻祖"，也是最先和最多的实践者。通过数十年的建设，目前已经形成了以 Link-16、Link-11、TTNT(战术目标瞄准网络技术)、IFDL(机间数据链)、MADL(多功能先进数据链)、CDL(通用数据链)等数据链系统为主体的较为完备的数据链装备体系，网络中心战能力已形成。

从战术数据链(Link-16)到通用数据链(CDL)，美军在网络化作战领域进行了长期的探索与实践，提出了多种概念、探索了多项技术、发展了多型装备、进行了多次实践。比较典型的如美国空军 F-22 网络化作战能力的发展和美海军的 CEC(协同交战能力)。

在以上理论、技术、装备和作战探索与实践的基础上，美军提出"航空航天战斗云"概念是现有网络化作战理论创新与装备运用实践探索的自然延续。

(3) 新型作战平台发展的支撑。美国空军新型作战平台能力的大幅提升，为实施"航空航天战斗云"概念下的作战样式提供实质支撑。

美国新一代战机 F-22 和 F-35 的功能不仅只限于"战斗"，其既是武器平台又是传感器节点，兼备空中格斗、对地攻击、电子战、侦察预警等能力，并且可以依托其高隐身性能，渗透至敌后环境，在高威胁、强对抗环境下实施多种作战行动。

在美军最新版的联合机载电子攻击系统的作战视图中就有相应的描述，在联合机载电子攻击作战概念中，F-22 被作为一个穿透型作战节点渗入高威胁区作为前置传感器使用。这是 F-22 面对敌方综合防空系统和三代机的"穿透型制空"运用。

(4) 提升作战效果、节约作战成本的需求。虽然美国是世界首富，但美军也面临着缺钱的困惑，美军作战一定也是要精心计算费用的，要用最少的成本获取最大的收益。

面对 F-22 装备数量的大幅削减，F-35 成本的不断攀升，如何用好现有的 F-15、F-16

等三代装备是美军近期考虑的问题。对三代机的性能改进在不断深化，"航空航天战斗云"概念则可以充分发挥改进三代机的作战潜力。

美军认为，F-22 和 F-35 可作为未来"航空航天战斗云"的核心，通过少量能力超强的核心平台带动大批一般平台，既可以高质量完成作战任务，又可以有效节约作战成本。美军计划将侦察机、无人机等各型新旧战机纳入"航空航天战斗云"，形成由一系列能力互补的武器平台组成的空中作战体系。

(5) 关键技术发展的支撑。美国空军为实现"航空航天战斗云"作战概念，正在研发测试新的通信网关技术，为实现"航空航天战斗云"作战概念奠定了基础。美军是一只对技术高度依赖的军队，并且对新兴技术可能导致作战样式的变化十分敏感，美军一直在追求并实现了在技术上至少领先对手一代，这一点有很多实例可以证明。因此，技术的进步是美军提出并逐步实施"航空航天战斗云"作战概念最根本的基础保障。

4. 支撑"航空航天战斗云"概念的技术和装备发展

美国空军为实现"航空航天战斗云"作战概念，正在研发测试新的通信网关技术。从这一点看，美军认为实现"航空航天战斗云"作战概念的技术瓶颈在通信链路上。

F-22 为满足隐身要求，没有安装全向辐射的 Link16，而使用隐身的机间链实现 F-22 之间的信息互联。在作战体系中，F-22 只能被动地接收 Link16 的信息，因此，F-22 只能单向获取 F-15 提供的信息，而不能将自身获得信息传输给 F-15。

为在"航空航天战斗云"框架下充分发挥高性能的 F-22 的作用，美军研制了装备在 F-15C/D 上的"猛禽·仇恨"(Talon H.A.T.E.)吊舱，用于其他非隐身飞机共享 F-22 的信息。

"猛禽·仇恨"吊舱由波音公司研制，挂载在 F-15C/D 腹部。吊舱长 5m，重 816kg，装有空对空、空对地以及卫星数据链，在吊舱前部装有美军目前最先进的红外搜索跟踪设备，为 F-15C/D 提供了世界一流水平的红外探测手段，并可将光电探测数据提供给 F-22，弥补 F-22 原始设计的不足。

图 2.24 为挂载"猛禽·仇恨"吊舱的 F-15。

图 2.24　挂载"猛禽·仇恨"吊舱的 F-15

"猛禽·仇恨"吊舱是美国空军近几年最为重要的项目之一，该项目的核心产品是在 F-22 和 F-15C/D 战斗机之间建立了具有高速信息互联能力的大型吊舱，并提供了新的光电探测手段。

　　"猛禽·仇恨"吊舱可视为是一个全能的"翻译器"。在美军近几十年发展的指挥通信装备中，存在着不同语言、不同波段、不同带宽的各种信息沟通手段，而"猛禽·仇恨"吊舱把它们"翻译"成所有相关平台都能迅速收发、显示、处理的"通用语言"。

　　一架配备了"猛禽·仇恨"吊舱的 F-15C/D 在战场上主要承担数据中继的角色，可接收 F-22 的信息，并能够把更多的 F-15、F-16、地面指挥控制中心、战舰互联在一起，形成一个陆海空多平台的高速通信网络。

　　F-22 与 F-15 互联概念如图 2.25 所示。

图 2.25　F-22 与 F-15 互联概念

2.2.3　海上"分布式杀伤"

　　一直以来，美国海军在丰富的战争实践基础之上，大力推进作战概念创新，推动了装备、技术、训练的发展，引领了作战样式的变化，保持了世界最强大海军的优势地位。"分布式杀伤"是美国海军作战理论创新的最新成果。2015 年年初，美国海军水面舰艇部队提出"分布式杀伤"作战概念，以亚太海上战略博弈下的制海权战争想定为基础，根据海军舰队传统兵力结构不足以应对新威胁的现实情况，提出通过加强水面舰队反舰作战能力建设、调整海军舰队兵力结构、改变海上作战样式等举措，实现扭转美国海军在未来海上作战中可能面临的不利局面的目标。目前，该概念仍然处于研究、讨论和发展的阶段。

1. 海上"分布式杀伤"作战概念解析

　　"分布式杀伤"是美国海军领导层提出的一个概念，旨在探索如何提高分散部队的作战能力。过去，基于海战的独特性，分散部署一直是用兵的大忌，然而，新的威胁和能力也许已经改变了长久以来战舰部署的这一指导准则。

　　"分布式杀伤"是美国海军自我调整，适应新形势需要的一种作战样式改革尝试。美国海军的"分布式杀伤"是指"使更多的水面舰船，具备更强的中远程火力打击能力，并让它们以分散部署的形式、更为独立地作战，以增强敌方的应对难度，并提高己方的战场生存性"。海军陆战队和两栖作战部队利用冲突海域附近区域的陆基火力增强"分布式杀伤"概念的作战效力，不仅可以增加美军打击火力的数量，还可以增加对手必须应对目标的数量。

海上"分布式杀伤"的核心思想包括两个方面：一是将海上反舰、防空能力分散到更多的水面舰艇上；二是提高单舰作战能力，在"宙斯盾"舰上加装反舰导弹等进攻性武器，在两栖舰上加装"宙斯盾"系统。美国海军"分布式杀伤"概念目前处于方案论证阶段，仍在不断变化、调整、完善。在美国海军太平洋舰队《水面舰队愿景》、海军研究署《海军科技战略》、海军陆战队作战实验室《2016年创新计划》等文件中均提出要探索或研究分布式作战相关概念及应用前景。

海上"分布式杀伤"概念最初形成于2014年底美国海军战争学院的一次兵棋推演中。演习中，加入了加装有中程面对面导弹的濒海战斗舰，蓝方指挥官以不同的方式使用濒海战斗舰，将其从局部的军事存在性角色转化为进攻性作战角色。蓝方指挥官的这一创新性运用，使参演的红蓝双方的作战行动均受到显著影响。装备中程面对面导弹濒海战斗舰的创新运用，使红方不得不使用宝贵的情报、监视与侦察资源，试图发现这些更具威胁的舰艇。最终引出"分布式杀伤"概念，即水面上每艘舰艇均应对敌方构成威胁，而不是原有格局下的作战任务分配，负责防空的只能执行防空作战任务，负责反潜的只能执行反潜作战任务，所有舰艇均可对敌方实施攻击。

2015年2月25日，美国智库战略与预算评估中心高级研究员布莱恩·克拉克在国际海上安全中心的网站上发表了"拨开层级：一种防空新概念"的文章，对美国海军正在推动的最新概念——"分布式杀伤"进行了详细分析。在此概念下，所有战斗和非战斗水面舰船都将装备攻击性导弹，如"海军打击导弹"或"远程反舰导弹"，这一概念的中心思想是，部署大量可威胁敌方舰船、飞机或海岸设施的海军舰船，为潜在敌人制造一些难以解决的目标选择问题。

2015年6月，美军成立"分布式杀伤"工作小组，该小组年内已召开4次研讨会，参与方扩大至国防部和DARPA。该小组重点研究了"分布式杀伤"概念将如何改变未来作战模式，以及在现有武器装备条件下将实现怎样的打击能力。同月，美国海军还成立了水面与水雷战发展中心，专门针对"分布式杀伤"概念培训战术指挥官。2015年7月9日，美国海军水面部队司令汤姆·罗登中将在出席某活动中表示，"分布式杀伤"是海军水面部队保持海上优势的一个工具，美国海军正试图通过一系列兵棋推演来更好地理解这个概念。

2016年1月，美国智库国际海上安全中心还发表了题为"'分布式杀伤'及未来战争概念"的文章，分析了"分布式杀伤"的作战特点、平台、能力以及战略价值，对比了"分布式杀伤"与"反介入/区域拒止"的各自优势，认为"分布式杀伤"能在预算削减和新兴威胁下，为实现美国有关政治和军事目标提供多种手段。

2016年2月，美军一艘阿利·伯克级导弹驱逐舰发射了原来用于防空的"标准"-6导弹，击中了一艘退役护卫舰，此次试验是美国海军"分布式杀伤"概念的首次测试。同月，美国国防部长卡特正式确认海军正在改进雷声公司的"标准"-6导弹，使其具备打击200海里外水面目标的能力。卡特在发言中提到，"我们正在改进'标准'-6导弹，使其除了防御外，还可打击远距离水面目标。"改进后的"标准"-6导弹会构成美海军强大的新型反舰能力，将装备于海军驱逐舰和巡洋舰，以满足2015年海军提出的"分布式杀伤"概念的要求。

为了支撑分布式海上作战概念研究，DARPA近期还开展了"跨域海上监视与目标定位"

项目。该项目将进行创新性研究，发展并演示验证新型跨域分布式海上作战概念，以"系统集成"方式提升美军在海上的能力优势。该项目设想构建海上分布式体系结构，开发并演示验证一种可广域覆盖、端到端的反水面战与反潜战杀伤链，这种体系将融入无人和有人系统，确保美军拥有快速的分布式攻击能力。

根据 DARPA 设想，项目计划分两阶段进行：第一阶段将通过建模、仿真、分析来开发体系结构，同时为体系开发试验、演示验证的环境，并与跨域试验平台进行集成；第二阶段将对体系结构进行实验室试验，旨在保障新战术研发，并演示验证所选体系结构的作战效能与可靠性。

为契合"分布式杀伤"概念，未来美国海军将促进新技术的应用，包括制导弹药、无人系统等在多个区域内的部署。虽然已经取得了一定进展，但美国海军"分布式杀伤"概念要从试验场走向真正的战场，还有几个问题需要克服：首先是分布式部署舰船部队的指控问题，其次是后勤补给问题，第三是可用舰船数量问题，第四是威慑有效性问题。

尽管如此，"分布式杀伤"概念还是提供了许多优势。它将最大限度地利用美国海军短期和长期投资成果的价值，提供对抗"反介入/区域拒止(A2/AD)"挑战的方法，实现"空海一体战"的目标，确保美军"能够进入、维持行动自由、展示力量或实施有限打击"。最终，它将在危机和冲突中，为政治和军事领导层提供更加灵活的机动性。美国海军正通过作战概念的深化研究和装备的发展，将"分布式杀伤"概念转变成可靠的作战结构。

在面对未来越来越复杂的作战态势条件下，美国海军还提出了与"分布式杀伤"理念一致的"分散作战"概念，该作战概念的主旨是提高整个作战体系防御潜在对手导弹攻击的效能，这一作战概念对于指导美国在"反介入/区域拒止"环境下的作战很有价值。

在美国海军陆战队发布的《2017 年美国海军陆战队航空兵规划》中，美国海军陆战队为短距垂直起降(STOVL)的 F-35B 联合攻击机专门制定了"分散式 STOVL 作战"概念。

该作战概念的要点是：海军陆战队航空兵不需要依赖固定基地，只要在前线建立各种规模的基地，从而大大增加作战范围，同时在策略上有更多选择，并且能降低航空兵部队面临的风险。F-35B 的补给任务采用"移动武器装填点及加油点"概念，对传统海陆基地的选择是一种补充。分离的移动基地可作为海军陆战队的水面枢纽，或在武器和油料运输至移动武器装填点及加油点前，作为部队存储武器和油料的驿站。重要的是，为了确保"飞机分散，且难以发现和定位"，这些点都被设置成移动的，从而起到"欺骗和诱导"的作用。

在《2017 年美国海军陆战队航空兵规划》中还提出了可在作战中搭载最多 20 架 F-35B 的"闪电航母(Lightning Carrier)"作战概念，如图 2.26 所示。2016 年 11 月 20 日，在"美利坚"号两栖攻击舰上用 F-35B 对该作战概念进行了实装演示。

在 2017 至 2027 年间，海军陆战队将拥有海军第四代作战飞机的大部分机型。截止到 2025 年，海军陆战队将拥有 185 架 F-35B 型机，足以配备至全部 7 艘 L 级舰船。

《2017 年美国海军陆战队航空兵规划》认为，两栖攻击舰永远无法替代航空母舰，但可起到辅助作用。"闪电航母"将两栖攻击舰作为海上基地，能大大提升海军及联合部队在进入、侦察和打击等方面的能力。

以分散部署的航空作战的前线作战基地为依托，"闪电航母"的概念包括 1 艘两栖攻击船，可搭载 16 到 20 架 F-35B 型机及 4 架 MV-22 鱼鹰倾转旋翼机用于补给加油。"闪电航母"既可作为远征打击群的一部分，也可作为包含航母、导弹巡洋舰和驱逐舰在内的航母打击群的一部分。

图 2.26　"闪电航母"概念演示

综合以上分析可以看出，美军各军兵种均对分布式作战概念积极响应，各自依据本军兵种的装备和任务特点，提出了适用于本军兵种的分布式作战概念，并通过实装和指挥所推演对提出的新型作战概念进行了演示验证。

2. 宙斯盾系统渐进式升级

为支撑海上"分布式杀伤"作战概念，美军展开了多项技术研究和装备发展探索，并对相关概念进行了实装演示验证。技术研究和装备发展探索聚焦在宙斯盾系统与"标准"系列导弹的不断升级上，导弹射程不断提升，打击目标种类不断增加，任务能力不断拓展。

美国海军采用渐进式提升方式，依据技术进步的支撑、作战需求的变化和作战成本的考虑，对成熟的"宙斯盾"系统不断进行升级。

"宙斯盾"系统是美国海军防空反导的主力，截止到 2016 年，美国海军共有 84 艘"宙斯盾"舰服役。"宙斯盾"系统有多种不同的架构，其作战能力是渐进式提升的，不同的能力水平以不同的基线(BaseLine)表示，基线是评价一艘"宙斯盾"舰作战能力的标志。

目前，"宙斯盾"基线有 0～9 共 10 个版本，基线 9 是"宙斯盾"作战系统的最新版本，各基线的基本情况如表 2.2 所示。

表 2.2　"宙斯盾"系统各基线基本情况

系统版本	基 本 情 况	使用舰船
Baseline 0	AN/SPY-1A 雷达 MK26 旋转式双臂导弹发射器 LAMPS Ⅰ舰载多功能直升机系统	原始基本结构
Baseline 1	AN/UYK-7/20 任务计算机 AN/UYK-4 战术状态显示系统 LAMPS Ⅲ舰载多功能直升机系统	CG47～CG51
Baseline 2	MK41 VLS 垂直导弹发射系统 改良型 AN/SQQ-89(V)3 水下战斗系统 Baseline 2A AN/UYK-43 任务计算机(部分舰只) OJ-194B 显控台(部分舰只)	CG52～CG58

系统版本	基 本 情 况	使用舰船
Baseline 3	AN/SPY-1B 雷达 AN/UYQ-21 战术状态显示系统 Baseline 3 A AN/UYQ-70 战术状态显示系统(部分舰只) AN/UYK-43 任务计算机(部分舰只) 联合战术情报分配系统 JTIDS Link16(部分舰只)	CG59～CG64
Baseline 4	AN/SPY-1B(V)雷达(CG 版) AN/SPY-1D 雷达(DDG 版) AN/UYK-43/44 任务计算机(DDG 版) MK2 指挥决策系统(DDG 版) AN/UYQ-70 先进战术显示系统(ADS)(DDG 版) AN/SQS-53C 舰壳声呐(DDG 版) ACTS MK29 战斗训练系统	CG65～CG73 DDG51～DDG67 日本金刚级驱舰采用类似的 Baseline J1
Baseline 5	Baseline 5.1 标准 SM-2ER Block 4 导弹 Baseline 5.2 AN/SLQ-32A(V3)电子战系统 AN/SPY-1D 增设跟踪起始处理器(TIP) Baseline 5.3 AN/SRS-1 战斗测向系统(Combat DF) 联合战术情报分配系统 JTIDS Link16 TADX-B 数据链 OJ-663 彩色战术显示器/改良战术状况显示能力 先进战斧导弹控制系统 ATWCS	DDG68～DDG78 西班牙海军 F100 巡防舰采用相当于 Baseline 5.3 的 DANCS
Baseline 6	Baseline 6.1(DDG79～DDG84) 改良型海麻雀导弹(ESSM,替换方阵武器系统) AN/UYQ-70 先进战术显示系统(DDG-81 以后) 显示系统(ADS)改用商用大尺寸显示器(CLSD) 改良型 AN/SQS-53C 舰壳声呐(增加水雷侦测能力) 增设 LAMPS 舰载多功能直升机系统 AN/SQQ-89(V)10 水下战斗系统 改良敌我识别能力(第一阶段) 联合海上指挥信息系统(JMCIS) CDL 数据链管理系统(CDLMS) MK45 Mod45 英寸舰炮由 54 倍径改为 62 倍径(可发射增程导向炮弹 ERGM)(DDG81 以后)	DDG79～DDG93

续表二

系统版本	基 本 情 况	使用舰船
Baseline 6	Baseline 6.2(DDG85~DDG87) 光纤数据多重传输系统 DMS 雷达环境模拟系统 RSCES 战斗部队战术训练装置 BFTT ATWCS 第 2 阶段改良型 Baseline 6.3(DDG88~DDG93) 协同作战能力 CEC 海军区域弹道导弹防御 NAD(标准 SM-2 Block 4A 导弹)(已取消)	
Baseline 7	AN/SPY-1D(V)雷达 海军区域弹道导弹防御 NAD(标准 SM-2 Block 4A 导弹)(已取消) 海军战区广域弹道导弹防御(NTW)(使用标准 SM-3 导弹) 改良敌我识别能力(第 2 阶段：CIFF+AN/SLQ-20B) 先进整合电子战系统 AIEWS(已取消) LAMPS Ⅲ Block Ⅱ舰载多功能直升机系统(配备 MK-50 鱼雷，可攻击潜望深度之潜艇) 先进计算机构架 火控系统升级	DDG94~DDG107
Baseline 8		CG52~CG58
Baseline 9	Baseline 9A(CG-59、60、62) Baseline 9C(DDG51~DDG53、DDG57、DDG65、DDG69)	

"宙斯盾"从基线 5 开始装备"标准"-2 ER Block 4 导弹。"标准"-2 ER Block 4 导弹可全方位有效拦截高性能、低雷达散射截面的来袭目标，具有大攻角转弯能力，可在复杂电子干扰环境中拦截空中目标、拦截掠海飞行的导弹、拦截具有隐身能力或采用战术突防技术的空中目标，并初步具备拦截战术弹道导弹的能力。"标准"-2 ER Block 4 导弹的装备大幅提升了美国海军舰队的区域防空能力。从 1983 年起，"标准"-2 导弹作为"宙斯盾"作战系统的主要防空武器，配备在"提康德罗加"级巡洋舰和"阿里·伯克"级驱逐舰上，担负着全天候区域防空任务。

"宙斯盾"从基线 6 到基线 7 开始装备"标准"-2 ER Block 4A 导弹，从而在具备区域防空作战能力的基础上，又具备了在稠密大气层内对战术弹道导弹进行拦截进行低层拦截。

随着 CEC 的逐步应用，"标准"-2 系列导弹初步具备了网络化作战能力，可以利用空中平台或编队内其他水面舰艇平台提供的目标信息，由本舰平台实现导弹的发射和制导，扩展了导弹的作战能力，初步实现了整个水面舰艇编队和空中平台目标态势的共享。

"宙斯盾"从基线 7 开始装备"标准"-3 导弹,建立了海军战区广域弹道导弹防御(NTW)

系统。

升级至基线 9 的"宙斯盾"系统可兼容"标准"-6,具有一体化防空与导弹防御(IAMD)能力,具备同时实施反导、防空和打击海面目标作战任务的多重能力,可同时拦截弹道导弹与巡航导弹。拥有 IAMD 能力是美国海军在 21 世纪上半叶保持海上制空权的必要条件之一。

"标准"-6 导弹可实现舰艇编队利用空中平台目标跟踪信息和导弹制导信息的共享,立足于整个防空体系,实现网络化作战。基于 CEC 的"标准"-6 导弹可不受本舰探测雷达的限制,通过 CEC 网络获得 CEC 空中单元的雷达探测数据,或接受 CEC 系统融合的多艘舰载雷达探测的综合信息。从"标准"-6 导弹的典型防空作战样式来看,目标跟踪、导弹发射、导弹制导等均是整个作战信息网络的分散节点,而不是传统作战中平台上的一个节点。这种作战模式最大限度地发挥了整个体系的作战效能,不仅体现单个武器的作战能力,而且依托体系使单个防空武器系统的作战效能产生了质的飞跃。

基线 9 可视为是美军对"宙斯盾"系统进行的第二次集成,如果原来的"宙斯盾"是将全舰的传感器系统、火控系统、武器系统进行集成的,那么新的"宙斯盾"系统将与其他陆海空天平台的传感器系统实现集成,进一步扩大感知范围。综合利用多平台传感器提供的目标跟踪数据,实现远程发射、远程拦截的防空反导作战目的。美军的协同作战网络(CEC)以及各种预警机,甚至侦察卫星的数据都将成为"宙斯盾"的远程游离耳目。

"宙斯盾"基线 9 综合集成了陆海空天多源传感器系统,综合集成了分布式的多种武器平台,形成了一体化的、高低、快慢目标的综合拦截能力。可以认为,"宙斯盾"基线 9 引入了分布式的信息来源,具备了多域、多样化的作战能力,充分体现了分布式作战的理念。

3. "标准"系列导弹能力拓展

"标准"系列导弹是美国武器库中最成功的导弹系统之一,被视为"宙斯盾"舰的支柱和美国舰队的"守护神",有"空中威胁终结者""弹道导弹克星"之称。"标准"系列导弹的发展一直引领世界舰空导弹乃至防空导弹的发展方向,代表着中远程舰空导弹的发展趋势。"标准"系列导弹通过渐进式发展,先后改进了发射方式、动力系统、导引头等,增加了指令修正,成为了具备防空、反弹道导弹、反装甲、反掠海反舰导弹等多样化能力的多功能导弹武器系统。近期,"标准"-3 又向弹道导弹领域"跨界"拓展,使"标准"系列导弹具备了"跨界""跨域"以及执行多样化任务、打击多样化目标的作战能力。纵观"标准"系列导弹的能力拓展过程,美国充分利用系统工程方法,以作战能力为中心,统筹规划,以需求牵引装备发展,以技术推动装备进步,逐步改进,获得了显著的成效。

在"海上分布式杀伤"作战概念的牵引下,配合"宙斯盾"系统的升级,美国海军不断拓展"标准"系列导弹的作战能力,典型代表是"标准"-3 和"标准"-6 导弹。

1) "标准"-3 的升级改进

"标准"-3 导弹是雷声公司为美国海军"宙斯盾"系统研发的舰载弹道导弹拦截武器,具有反短程、中程弹道导弹和低轨卫星的能力。"标准"-3 导弹是美海军全战区弹道导弹防御计划的重要组成部分,目的是在全战区范围内防御大气层内外来袭的中近程弹道导弹,保护美国及其盟国的海上力量、关键海区、人口中心及陆上重要设施不受攻击。由于这一用途的导弹与"标准"-2 ER Block 4A 型导弹有很大区别，美国海军将其命名为"标准"-3 导弹。

"标准"-3 导弹从 1992 年开始研制，包括"标准"-3 Block 0、"标准"-3 Block 1 型系列(1、1A、1B)和 Block 2 系列(2、2A)。目前，美国海军已在数十艘驱逐舰和巡洋舰上部署了"标准"-3 导弹，日本海军金刚级驱逐舰上也装备了"标准"-3 Block 1A 导弹。

"标准"-3 Block 1 导弹技战术性能如表 2.3 所示。

表 2.3 "标准"-3 Block 1 导弹技战术性能

参数	"标准"-3 Block 1	"标准"-3 Block 1A/Block 1B
长度/m	6.55	8.23
弹径/m	0.343	0.343
速度/Ma	3.5	3.5
射高/km	160	160
射程/km	500	370
发动机	MK140 双推力固体火箭，MK72 助推器	MK104 双推力固体火箭，MK70 助推器
战斗部	碰撞式动能弹头	MK125 破片杀伤
制导方式	惯性/指令+半主动雷达	惯性/指令+半主动雷达/红外成像

"标准"-3 导弹一般分为四级：第一级是 MK72 助推器发动机；第二级是 MK104 双推力固体火箭机；第三级是 MK136 固体火箭机；第四级是可调转向和高度控制系统(TDACS)和轻质大气外动能拦截器(LEAP)。作战时，由"宙斯盾"配备的 MK41 发射系统发射，MK72 助推器点火推进将其送入空中；待第一级燃烧完毕后，第二级和第三级火箭接力工作，直至将弹头送入到目标附近，最后阶段由 TDACS 系统推动 LEAP 对目标进行直接撞击。

"标准"-3 导弹作战范围如图 2.27 所示。

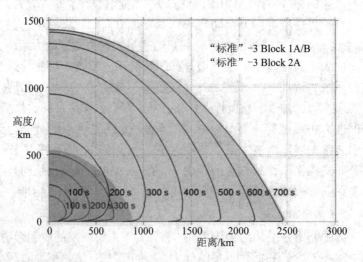

图 2.27 "标准"-3 导弹作战范围

迄今为止，"标准"-3 导弹共有四个版本，即 Block 1A、Block 1B、Block 2A、Block

2B。从 Block2 开始，"标准"-3 取消了弹翼，增加了弹径，虽然这样的设计会削弱"标准"-3 在大气层内利用弹翼气动力所提供的机动能力，但可以增加导弹最大射程、射高和末端速度。"标准"-3 设计改进的目的是为实现拦截射程更远、高度更高的远程弹道导弹(IRBM)和洲际弹道导弹(ICBM)的作战目标。

"标准"-3 Block 2 导弹是在"标准"-3 Block 1 的基础上由美国和日本共同研制的，具备拦截洲际弹道导弹的能力。该型导弹弹长 8.1 m，弹径约为 0.53 m，关机速度达到 5～5.5 km/s，最大作战距离为 500 km。日本主要参与研制导引头、轨姿控系统、新的第二级火箭发动机和蚌式结构头锥。

"标准"-3 Block 2 导弹采用"标准"-3 Block 1B 导弹的双色红外导引头，增强了突防装置的目标识别能力；改进了动能弹头信号处理器，增加了视场内识别目标的数量。

"标准"-3 Block 2A 导弹采用第三代动能战斗部和新式蚌式头罩，进一步提高了作战距离和杀伤能力。

近期，雷声公司对"标准"-3 导弹进行了进一步改进，将原本用来防御弹道导弹的拦截导弹改造成一款可用于攻击远程目标的弹道导弹，从而使"标准"-3 导弹同时具备"防御拦截"和"远程攻击"的双重能力。

雷声公司的"标准"-3 弹道导弹是以"标准"-3 Block 1 系列为基础改造而成的，"标准"-3 弹道导弹继承了"标准"-3 Block 1 的气动外形，这意味着它的弹道特性与 Block 1 更为类似。也就是说，除了末端弹头会采取抛物线轨道外，导弹的第一级和第二级火箭仍然会如"标准"-3 Block 1 那样在大气层内工作，整体射高不可能超过 Block 1 的 160 km。根据这个射高判断，这款导弹达不到中程弹道导弹的射程，推断其射程在 380～500 km 之间，380 km 是根据"标准"-3 改造后配备 500 kg 战斗部计算得到的结果，而 500 km 是美国遵守中导条约的结果。因此，"标准"-3 弹道导弹的射程应该是短程弹道导弹的典型射程。

美军现役的陆军战术导弹 ATACMS 增程精度在 30 m 以内且没有末端机动装置，精度由 GPS 和内置陀螺仪精度共同决定，该武器系统研制时间为 1986 年。雷声公司研发的"标准"-3 弹道导弹研制时间为 2017 年，对比两种导弹的导航系统，GPS 系统共享没有改变，内置陀螺仪精度水平在 30 年内提高了 100 倍以上，且大多采取激光/光纤体制陀螺。因此，总体估算，"标准"-3 弹道导弹的 CEP 精度可提高到 5 m 左右。此外，该导弹还具备 TDACS(节流分流和姿态控制系统)，可实施末端控制；反舰型具备雷达寻引头，打击精度可能会进一步提高。当然这只是理论精度，实战对抗环境下，因为受到发射平台稳定度、作战攻防等各种因素影响，射击精度会变差，但若想成功打击舰艇、机堡等目标，保持 CEP 精度 5 m 左右是必要的。

"标准"-3 弹道导弹是短程弹道导弹，大多数时间在大气层内工作，但其气动外形与大多数的防空导弹气动外形非常类似。这就意味着，"标准"-3 改造成的弹道导弹在实现弹头和助推装置脱离之前是拥有和防空导弹相同的大气层内的机动能力，而一般的弹道导弹则只能实现抛物线攻击，仅在末端拥有有限的机动能力。若 500 km 射程以内的弹道导弹仅使用抛物线弹道，则初期高度上升很快，很容易被敌人的预警探测系统提早发现并拦截，而拥有大气层内机动能力的弹道导弹，可以充分利用空气升力作用，在发射初期适当压低弹道高度，从而压缩对手的预警探测时间，增加突防概率。

此外，由于弹头末端机动动力源是 TDACS，矢量喷口推动的机动方式与一般使用弹翼机动的末端弹头相比更没有规律性，防空导弹指控系统很难精确预测出其在下一时刻的位置。因此，"标准"-3 弹道导弹飞行初段预警时间段、距离近、末端运动轨迹改变无规律，突防概率要远大于一般的短程弹道导弹。

2) "标准"-6 的升级改进

"标准"-6 为多用途导弹，可承担防空、反导和反舰作战任务，被称为"全能导弹"。

由于受到地球曲率和发射平台雷达视距的限制，传统舰空导弹拦截超低空、低空反舰目标的射程明显不足，对超声速掠海反舰导弹的拦截窗口很小，难以应付敌方的反舰导弹饱和攻击。"标准"-2 MR Block3B 舰空导弹虽然通过加装红外导引头，而部分摆脱了对载舰火控雷达的依赖，获得了有限的超视距作战能力，但其红外导引头对广大空域进行快速搜索的能力却相当有限，其射程与先进反舰导弹(尤其是空射反舰导弹)的打击半径差距较大。

为满足美国海军对增程防空作战的需求，以确保能够应对未来不断发展的和非对称的空中威胁，美国于 2004 年开始研制"标准"-6 导弹，用于拦截固定翼飞机、无人机、反舰巡航导弹等目标。2004 年 8 月，美国海军授予雷声公司价值 4.4 亿美元的合同，要求对"标准"-6 增程导弹开始先期研究和先进技术演示。2005 年 8 月，美国海军对雷声公司提交的具体方案和计划进行了关键设计评估，"标准"-6 项目全面展开。

"标准"-6 导弹是在"标准"-2 MR Block 4 基础上设计的，采用高强度的碳纤维/环氧纳米复合材料弹体结构；发动机使用双基 HTPB 高能速燃固体燃料推进剂和高冲压比推力矢量喷管技术，提高了飞行性能；导引头使用的是 AIM-120C 型"阿姆拉姆"超视距中程空空导弹的导引头；制导方式为"惯导+无线电指令+主动雷达+双波段红外"多模制导，能借助友舰传输的火控信息，攻击本舰雷达视距外的目标，克服了本舰照射雷达的视距限制。

"标准"-6 导弹系统整合了"宙斯盾"系统、"协同作战能力"(CEC)系统和空基预警系统信息，由卫星提供的定位信息可更新惯性导航参数，飞至目标附近再开启主动导引头对目标进行跟踪。"标准"-6 导弹还可以利用预警机提供的目标指示，低空俯冲，主动搜索攻击目标。

"标准"-6 导弹提高超视距打击能力示意图如图 2.28 所示。

图 2.28　"标准"-6 导弹提高超视距打击能力示意图

"标准"-6型导弹的各种技术参数迄今未见官方公布,但根据其使用的"标准"-2 MR Block 4型弹的弹体以及雷声公司披露的部分资料推测,"标准"-6型导弹技战术性能如表 2.4所示。

表2.4 "标准"-6导弹技战术性能

参数	"标准"-6
长度/m	6.58
弹径/m	0.343
速度/Ma	3.5
射高/km	35
射程/km	400
发动机	MK104 双推力固体火箭,MK72 助推器
战斗部	MK125 高爆破片杀伤(黑索金高能炸药)
制导方式	惯性+无线电指令+主动雷达+双波段红外

"标准"-6导弹主要的性能特点体现在以下四点:

(1) 总体上沿用了"标准"导弹的设计外形和成熟的硬件部分,充分利用了"标准"导弹弹体和推进系统等现有技术。"标准"-6导弹外形与"标准"-2 MR Block 4导弹非常相似。该导弹采用的 MK72 助推器和 MK104 双推力固体火箭,均在"标准"-2 MR Block 4导弹以及"标准"-3导弹中应用。另外,"标准"-6导弹采用了 MK125 高爆破片杀伤战斗部,该战斗部为"标准"导弹系列的通用战斗部,已经在多个"标准"导弹型号中应用。

(2) 改变了"标准"导弹沿用数十年的半主动雷达导引体制,采用了以主动雷达导引为主的制导体制。该主动雷达导引头是在 AIM-120 导弹的主动雷达导引头基础上改进的。使"标准"-6导弹可不依靠发射舰的雷达与远程目标交战,可以与超过照射雷达作用距离的目标交战。此外,保留了半主动雷达导引头工作模式,提高了对多种目标的拦截能力。

(3) 具备协同作战能力,可实现超视距拦截,这在目前"标准"系列导弹中是唯一的。"标准"-6导弹是美国提出的海军一体化火控(NIFC)系统的一部分,也是实现联合一体化火控作战的关键,可作为网络中的一个节点,充分利用发射舰船或机载、天基和陆基等远程传感器的提示,实施目标拦截。通过协同作战能力(CEC)等系统提供的网络化火控数据,"标准"-6导弹可实现与超视距目标的交战。

(4) 引用了 AIM-120 导弹的先进嵌入式自检测(BIT)系统,并且进行了进一步的升级改进。该系统可以密切监视导弹自身的状况,使其只需每10~15年检测一次就可保持基本的完好率,而其他"标准"系列导弹通常每4~5年需要检修一次。这大大减少了对人工维护的需要,提高了维护效率,降低了"标准"-6导弹在全寿命周期的成本。

"标准"-6导弹的改进和完善还在不断地进行中。日前,据雷神公司"标准"-6导弹高级项目负责人称:"美国海军对'标准'-6导弹一直致力于升级系统软件,并在多种可能的战争场景下进行试验,积累改进经验。每一次改进,导弹的能力都得到相应的提升。'标准'-6导弹已经完全准备好采用防空、反舰、反导三种模式在海上部署。"

据一体化作战系统项目执行办公室(PEO IWS)2017 年 4 月 25 日发布的消息,"标准"-6系列试验在 4 月 6 日至 13 日之间进行,在夏威夷海岸共完成了 4 次"标准"-6 Block 1

导弹飞行试验，首次对"标准"-6 Block 1包含防空、反舰、反导功能的最新版本系统软件进行了测试。雷神公司网站称，此次系列试验试射了4枚"标准"-6导弹，每枚导弹均成功拦截了岸基发射的亚声速或超声速目标。

未来，"标准"-6导弹将主要有以下四种作战应用模式：

(1) 为舰队建立多层防空体系。美国未来海上舰艇设计已经将"标准"-6作为标准武器配置。2004年5月，负责未来驱逐舰DD(X)和巡洋舰CG(X)总体设计的诺·格船务系统公司透露，DD(X)和CG(X)将设计80个垂直发射系统单元，容纳"标准"-2和"标准"-6，并至少部署20枚负责弹道导弹防御的"标准"-3动能拦截弹。现有的"提康德罗加"级巡洋舰和"阿利·伯克"级驱逐舰所装备的垂直发射系统也可以按照上述配属混合部署。这种防空/反导火力配系实际将现有美国海上编队的防空距离提高近1倍，从而实现对舰队地平线以外地区的防御。

(2) 对海上防区外围进行保护遮障。通常美国海上舰队在外围大致150 km空域建立防空区，在该区内舰队拥有较强的防空警戒、反巡航导弹能力，因此对航母的侦察与攻击通常选择在这一区域。而"标准"-6导弹的240km射程，以及优越的CEC协同功能，使其可以在150 km外围建立起严密的空中遮障，将无人机、空中预警机以及远程巡航导弹等隔绝在该区域外，使海上力量更加安全。

(3) 开展双层反导防御作战。近年来，美国海军反导技术通过"标准"-3导弹的发展已经逐步成熟。"标准"-6导弹的主开发商雷锡恩公司也是美国动能拦截器的开发者，它随时可以将两者技术再次融合，新组合成的反导导弹将比"标准"-2 4A具备更强的反导能力，从而弥补美国海军海上低层反导能力的空白。从"标准"-6的实际性能来看，它本身对中短程导弹具备一定的防御能力，在"宙斯盾"系统的支持下可以对"飞毛腿""芦洞"等弹道导弹实施拦截，也可以防御伊朗正在发展的"波斯湾"反舰弹道导弹。"标准"-6与"标准"-3组成海上弹道导弹的高、低双层反导防御系统。"标准"-3负责弹道导弹大气层外拦截，"标准"-6负责弹道导弹大气层内拦截，两者共同组成美军海上反导的"双保险"。

(4) 与盟军共同完成海上联合防御。目前，美国"宙斯盾"系统拥有庞大的海外用户群，这些舰只的指挥控制与发射系统完全兼容"标准"-6，这将形成巨大的"标准"-6海外市场。这些国家在未来海上作战中将会利用该系统与美军联合行动，对美军海上力量予以支持。例如，韩国国防部2008年1月就曾考虑在"世宗大王"舰等韩国海军的"宙斯盾"驱逐舰上部署"标准"-6。估计韩国将成为"标准"-6的首个海外用户，相信日本、澳大利亚、西班牙等国也将陆续引进，从而增强美国海上盟军的对空防御能力。

纵观"宙斯盾"作战系统与"标准"导弹的发展历程，"标准"导弹的能力支撑了"宙斯盾"系统的基线发展，而"宙斯盾"各基线的能力的演进也推动了"标准"导弹能力的提升和型号的更新，两者合作、相互促进成为武器系统螺旋式渐进升级开发的典范。

4. 海军一体化防空火控体系(NIFC-CA)

美国"海军一体化火控-防空"体系是网络化作战的最近版本，美海军通过系统集成，目标是形成舰队低成本、超视距拦截能力。尽管将新系统集成到NIFC-CA存在诸多挑战，但一旦实现这种超视距信息快速、精确共享能力，或将颠覆高科技武器发展现状。当前，若无法获得超视距目标指示信息，则需要将一系列高科技传感器集成到武器上。但如果能够探测超视距目标，则不需要花费数亿美元为武器本身加装探测装备，只需要在恰当的时候将探测数据发送给武器。长期以来，美国海军不得不承认，在多次交战中，美国要付出更高的代价，敌方相对廉价的目标就会迫使美国海军使用高成本智能武器做出响应。武器需要制导系统和从舰艇或飞机接收目标数据的能力，而不需要自己搜索目标。目前，NIFC-CA 系统主要用于防空，随着 NIFC-CA 系统的不断拓展，美国海军认为可将其拓展支撑其他作战域，如将 NIFC-CA 系统的概念用于对抗水面或水下威胁。

NIFC-CA 作战概念如图 2.29 所示。

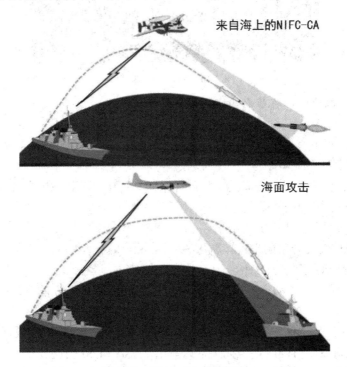

图 2.29　NIFC-CA 作战概念

美海军最初提出的 NIFA-CA 核心组成单元，分别是：CEC(协同作战能力)系统、E-2D 预警机、"宙斯盾"武器系统和"标准"-6 舰空导弹，这使得海军的网络化协同防空能力拓展到"标准"-6 舰空导弹的最大射程。而在《2014—2025 年美国海军航空兵构想》中，又提出将 F-35C 舰载隐身战斗机、EA-18G 电子战飞机、无人机等战斗节点纳入其中，加强与水面舰艇等武器平台的协同，首先形成航母编队的一体化火控-防空能力，最终在整个海军范围内实现 NIFA-CA 能力。在这个征程中，有几个里程碑事件值得一提，2013 年底，"钱斯勒维尔"号巡洋舰使用"标准"-6 舰空导弹拦截了一架靶机，首次完成了 NIFA-CA 概念的海上演示；"约翰·保罗·琼斯"号驱逐舰利用空基信息，发射"标准"-6 舰空导弹成功进行了海上超视距拦截巡航导弹的试验；2015 年，"罗斯福"号航母打击群则完成了 NIFA-CA 第一次海外实战部署。

NIFC-CA 网络如图 2.30 所示。

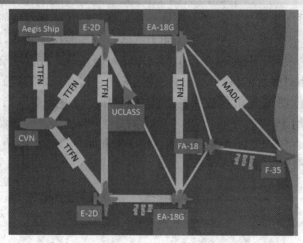

图 2.30   NIFC-CA 网络

在 NIFC-CA 网络中，各节点的作用如下：

E-2D：后方制空装备和舰载机间的通信中继；

Aegis Ship：利用空中平台传感器信息对"标准"-6 导弹进行火控解算、装订、发射及中段指令修正制导；

F-35：利用隐身和强传感器能力，拓展体系感知范围，对其他平台武器进行目标引导；

EA-18G：通过多种干扰手段进行远程压制干扰；

FA-18：武器库和主要空中攻击平台；

CVN：舰载机起飞降落的平台，航母编队的控制和管理中心；

UCLASS：高隐身空中加油平台。

NIFC-CA 网络构成了动态分布的闭环杀伤链，将"标准"-6 的攻击能力从 40 海里提高到 370 海里。

集成作战系统项目执行办公室(PEO IWS)"宙斯盾"项目经理助理表示，智能设备、传感器等随武器发射后不可回收，但如果把这些电子装备和网络放在后端，则可重复使用或用作他用。他认为不要低估这种网络对工程实现的挑战，每一种新型传感器和武器服役，都需要漫长的试验测量过程，用来掌握这种传感器的各项性能，包括发送数据的质量、偏差、速度，影响延迟的因素。而后，还要看这个传感器能否符合武器的作战任务，以及是否需要做调整。这需要的时间不多，但每往 NIFC-CA 添加一项装备所需的时间都会递增。同时，若 NIFC-CA 系统覆盖范围足够大、可靠性足够强，便能将武器中的智能设备分布于网络中的飞机、舰艇，降低实际弹药的成本。

集成作战系统项目执行办公室(PEO IWS)"未来作战系统"项目经理表示，美国海军已成功将 E-2D "先进鹰眼"、F-35B 联合攻击战斗机和陆军的"联合对陆攻击巡航导弹防御网络传感器系统"(JLENS)集成到 NIFC-CA 系统，未来还将集成 F-35C、F/A-18E/F "超级大黄蜂"和 EA-18G "咆哮者"。

2016 年 9 月，美军用实装对"海军一体化火控-防空"体系进行的演示验证。

据美联社 2016 年 9 月 30 日报道，雷锡恩公司的"标准"-6 导弹成功拦截一个超视距威胁目标，这是海军历史上射程最远的舰对空拦截。本次任务展示了"标准"-6 带来的海军综合火控制空作战能力，通过协同作战系统美国海军舰艇和机载传感器实现了链接，形成了统一的网络。

在任务演示中，一架隶属美国海军陆战队海战测试与评估第一中队、未经任何改装的生产型 F-35B 和海军的"沙漠战舰"(LLS-1)上的"宙斯盾"武器系统一起，成功进行第一次联合实弹演习。在本次演习中，F-35B 充当传感器的角色，负责探测超出"宙斯盾"视距的威胁目标，随后通过机载多功能先进数据链(MADL)将目标数据发送至地面站，"宙斯盾"系统(基线 9)从地面站获取目标信息后，随即发射"标准"-6 舰空导弹拦截并摧毁了目标。这次成功的演习是美国海军"海军一体化火控-防空"(NIFA-CA)系统发展的一个里程碑，验证了 F-35 战斗机与该系统集成的实战能力。

NIFC-CA 作战概念演习如图 2.31 所示。

图 2.31 NIFC-CA 作战概念演习

试验成功后，洛马公司航空工程执行副总裁表示，是否能通过其装备的先进传感器和数据链实现数据融合，成为联合作战行动战斗力的倍增器，是评判一种战机是否可称为第四代战机的一个关键特征。本次演习验证了利用海军的"宙斯盾"武器系统和海军陆战队的 F-35B 战斗机联合实现分布式杀伤，这仅展示了 F-35B 作战潜力的一小部分，未来将拓展至全系列的 F-35 战斗机。将任意型号的 F-35 作为广域传感器，可显著提高"宙斯盾"的探测、跟踪和交战能力，这种能力一旦实现，将显著提高海上编队指挥官的态势感知能力，利用"宙斯盾"和 F-35 能更好地掌握海战环境。

2.2.4 空间分散体系结构

天基系统对美军作战的重要性不言而喻，拓展天基系统资源的使用灵活性，保护天基系统资源的安全，增强天基系统资源的生存性是美军空间资源建设重点考虑的问题。

分散式空间体系是近年来美军对于空间系统未来发展新思路的探索，是美国空军为应对当前安全和预算环境挑战的重要转型举措，可能颠覆未来空间系统发展的理念。该概念由时任美国空军空间与导弹系统中心主任 2012 年首次提出，2013 年 8 月，美国空军航天司令部发布《弹性与分散式空间系统体系结构》白皮书，系统阐述了对空间系统"弹性"和"分散式空间系统"体系结构的认识和思考，提出采用"结构分离、功能分解、载荷搭载、多轨道分散、多作战域分解"等措施，来提高空间系统的可恢复性、经济性、安全性与生存能力。2014 年 10 月，美国政府问责署发布了《国防部空间系统：需要更多知识才能更好地支持分散大型卫星的决策》报告。

分散式空间体系示意图如图 2.32 所示。

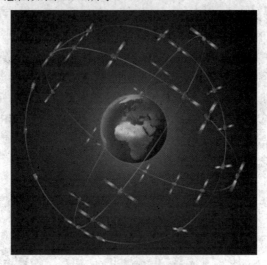

图 2.32　分散式空间体系

结构分离是将系统分解为多个模块，通过无线互联的方式，提供类似于大型卫星的能力；功能分解是指将传感器分散部署，将原有集中在一个系统上的多个载荷分散部署到多个独立的平台上，这种方法可以降低平台的复杂性，实现方案和需求间的快速匹配，缩短采办时间，降低成本；载荷搭载是指将军用载荷作为次级载荷部署到其他卫星平台(宿主卫星)上，利用宿主卫星的星上电源、处理设备、温度和姿态控制能力，不需要再部署一套自身的平台；多轨道分散是指将卫星分散部署到多个轨道以增加弹性，增加选取攻击目标的难度；多作战域分解是指利用空间域以外的系统，包括陆基和空基的能力，通过系统的协同工作，利用天基传感器的广域覆盖特性和空中或地面传感器的战术能力，实现最具弹性的工作方式。

这些手段将使每颗卫星只承担整个体系的一小部分任务，因此单颗卫星被攻击，对体系整体能力的影响有限，从而增强了体系抗毁能力。基于分散式空间系统体系结构理念发展的空间系统显著降低了空间系统的复杂性，使系统更加容易维护。另外，通过卫星任务能力分散配置、卫星有效载荷分散部署等，还将增加潜在对手选取空间攻击目标的难度，降低攻击效果。特别是通过将空间任务进行多作战域拼接，即使空间能力遭到破坏，还可由陆基、海基、空基等备份系统提供相应能力，保障美军达成作战目标。这将进一步促进空间系统与其他武器装备发展的有机结合，有利于实现陆、海、空多军种以及空间军事力量的联合作战。

美国空军航天司令部空间与导弹系统中心、DARPA 等也分别开展了多个分散式空间体系的技术验证项目。例如，"空间现代化倡议"旨在研发维持或者改进现有军事能力的经济可承受方案；"先进极高频""天基红外系统"项目已开展的研究，可支持分散式空间系统体系；"商业搭载载荷方案"项目验证了新型红外传感器技术在过顶持续红外任务的应用，以及商业卫星技术对于任务的支持能力；"空间环境纳卫星实验"项目旨在验证小卫星的经济可承受性和快速部署能力，该项目采用商用货架产品电子器件，从而具备大批量卫星的快速生产能力，并利用自主运行的地面架构，实现运行控制人员的最小化。

2013 年 11 月，美军发射了 2 颗作为"作战响应空间"-3 任务次级载荷的"空间环境纳卫星实验"卫星，对空间分散体系结构概念进行验证。

2.2.5 分布式防御

2018 年 1 月，美国知名智库美国战略与国际研究中心发布了《分布式防御——一体化防空反导新型作战概念》报告。报告认为，随着先进武器装备的发展和作战环境的变化，以俄罗斯、中国为代表的国家正在发展强大的"反介入/区域拒止"(A2AD)能力，美军现有防空反导系统将面临严峻挑战。作者分析了美军现有防空反导系统的不足，提出了一种"分布式防御"的新型作战概念。

分布式防御旨在创建一个更加灵活和富有弹性的防空反导架构，将成本施加给潜在对手，使对手任务复杂化。报告认为，未来防空反导力量应该更加分散、模块化，与当前力量相整合。分布式防御主要包含 7 个方面内容，按发展层级大致方向排列如下：

(1) 以网络为中心：可使用任何传感器进行最优发射；

(2) 火力单元分散部署：重新定义火力单元；

(3) 拦截弹混合装载：一个发射架可进行分层防御；

(4) 攻防武器同时部署：发射架可同时装填进攻和防御武器；

(5) 多任务导弹：可同时执行打击和防御作战任务；

(6) 集装箱式发射架：发射架可部署在任何地方；

(7) 集装箱伪装：集装箱部分装填，大部分空置。

分布式防御通过建立一个统一的、通用的传感器网络，允许作战管理人员使用任何传感器的跟踪数据，然后选择最佳的发射架发射最佳的拦截弹。一体化和互操作性是导弹防御局开发的弹道导弹防御系统(BMDS)明确要求的特点。分布式的一体化防空反导系统的首要条件是建立一支互联互通的、以网络化为中心的作战力量，传感器和拦截弹之间应建立连接关系。一体化能力将是美军防空反导有史以来最高的优先级。

火力单元的分散部署即拦截弹、传感器和火控系统的分散部署。火力单元的分散部署将创造新的组织可能性，例如，增加分散和移动元素、增强系统的灵活性、重新定义作战管理和指控系统。发展多任务发射架，使同一个发射架可以装载不同的拦截弹或进攻型导弹，实现攻防武器同时、同架部署，将进攻和防御型导弹集成至一个火力单元内。混合部署和装载可以为美军远程攻击、防空和导弹防御增加更多的可能性和灵活性。例如可在"萨德"导弹营里增加"爱国者"PAC-3 MSE 导弹的发射装置，用于末段低层弹道导弹防御，而不是在部署一套"萨德"反导系统的同时部署一套"爱国者"系统来保护它。

通过在拦截弹中集成打击和防御载荷，可使拦截弹同时执行打击和防御任务。这种多任务能力进一步模糊了"分布式杀伤"和"分布式防御"概念的界限。导弹的导引头和末制导是针对目标而设计的，导弹各项技术和小型化技术的发展为导弹多任务能力的发展提供了可能。例如"标准-6"导弹可同时执行反导、防空、反舰作战任务，"战斧"Block4、"改进型海麻雀"Block 2、陆军战术导弹系统(ATACMS)改进后将具备反舰作战能力。

分布式防御概念作战使用更加灵活，更有弹性，更难以压制，适合更具挑战性的对手。

2.3 分布式作战概念提出的背景

分布式作战概念是美军近几年提出的重要作战概念创新,要深入理解分布式作战概念的实质,就需要明晰它的来处和原因。从哪来?为什么?

推动美军提出分布式作战概念的动因可以认为是,国防经费不足的制约、对手技术能力的提升以及自身技术进步的推动等多重因素。但最根本的动因是以体系优势应对中国的技术进步,在中美技术差距逐渐接近的态势下,继续保持与中国军事能力的代差。

1. 以体系优势技术应对对手快速发展的技术能力

近年来,中国在国防科技和先进装备方面的发展日新月异,进步幅度之大、进步速度之快完全出乎了美国人预料,尤其是非对称技术能力和装备的发展,使美国感到了前所未有的威胁。对于一贯在技术上和装备上领先一代的美军而言,这种威胁使其感到在未来的冲突对抗中,传统的优势可能不再明显,传统的能力可能会受到很大制约。在当前尚未出现重大颠覆性技术的状态下,美军意图充分利用其多年发展和积累的体系优势,以化解在技术上不再绝对领先对手的对抗局面。

分布式作战概念正是在这种背景下提出的,这应该是提出分布式作战概念最主要的动因。预算受限、技术进步等方面的动因应该是分布式作战概念带来的副产品。

分布式作战概念是一个顶层整体概念,"小精灵"无人机、"蜂群"无人机等新概念装备则是利用开放式架构、人工智能、3D制造等技术的进步,支持分布式作战概念的产物。这些新概念装备的加入为分布式作战概念提供了低成本、生存性高、作战使用灵活的特征。

2. 预算受限要求美军以经济有效方式实施"抵消战略"

美军认为,对手的一体化防空系统对其现役空中装备威胁极大,即使是 F-22 隐身战斗机和 B-2 隐身轰炸机,2020 年左右也将在"反介入/区域拒止"环境中面临生存威胁。在当前国防预算依然受限的背景下,美军无法通过高端装备大规模的更新换代来解决问题,必须寻求更为经济有效的解决途径。

因此,美国国防部尝试重塑复杂军用系统,即以全新的作战概念,牵引出更低成本、更高效能的装备,实现在强对抗环境中对强敌形成压倒性军事优势的目标。空中分布式作战概念就是其中之一,其内涵就是以大量功能相对单一的低成本无人机,分解传统大型多功能平台的各项能力,在空战管理员的有限介入和人工智能技术的支持下,各平台协同配合,以集群形式完成特定作战任务,从而大幅降低作战成本,提升作战组织的灵活性。

3. 采用开放式架构和成熟商用技术应对快速变化的威胁

面对中俄军事能力的逐渐复苏和快速发展,尤其是中国近些年在国防技术领域的跨越式发展,美国感到了技术压力。随着中国军事能力的不断增长,美国所面临的威胁在快速变化,为快速响应这种变化,美国提出了"敏捷采购""快速采办"等应对措施,而采用开放式架构和成熟商用技术则为有效实现"敏捷采购""快速采办"奠定了技术基础,使降低装备采购成本、提高装备可靠性、快速形成作战能力成为可能。这一技术途径可有效应对国防预算的削减和威胁的快速变化,并有效享用技术快速发展的红利。

　　大量采用成熟商用技术的另一个好处是促进军民融合发展。军民融合发展是当前世界各国国防建设的一个取向，美国在这一方面一直走在世界前列。从"阿波罗"登月计划到"星球大战"计划，从互联网到移动通信，美国一直十分重视将成熟的军用技术向民用应用领域的转化，军用高新技术的转化带动了整个美国工农业的繁荣。美国在二战后获得了世界霸主的地位，但美国则是在完成了"阿波罗"登月计划后才真正走到了世界科技领先的地位。同样，我国的"两弹一星"工程和"载人航天"工程也为民用科技的发展注入了充分的活力。

　　在机械化时代，军用技术一直处于领先地位，军民融合发展的主要潮流是军用技术向民用应用领域转化；在信息化时代，这一趋势有所改变，在某些领域，尤其是信息技术领域，民用技术的发展则处于领先地位，军民融合发展的走向开始有所转变，民用技术开始逐步向军用应用领域转化。开放式架构的提出和实践，为采用渐进式发展思路，牵引技术进步推动装备性能升级提供了技术基础。军民融合发展不但可以大幅降低装备成本，还可以及时、低成本地享用先进技术的优越性能。

4. 网络和人工智能技术快速发展为概念实现提供可能

　　技术的发展是产生新型作战概念的基础，真正推动军事变革的是技术的突破，颠覆性技术的出现和应用将从根本上改变战争的既有形态。

　　美海军提出的海上"分布式杀伤"概念，其起源是新型作战舰只——濒海战斗舰的加入，濒海战斗舰加装了中程面对面导弹，在美国海军战争学院的兵棋推演中，指挥员对具有新型作战能力的濒海战斗舰的创新运用，对参演双方的作战行动和推演的结果产生了显著的影响，从而产生了海上"分布式杀伤"的作战概念。

　　近年来，网络技术和人工智能技术的发展十分迅速，尤其是人工智能技术的发展。基于"深度学习"原理的 Alpha Go、Alpha Zero 的成功，对人们的固有思维产生了巨大的冲击。技术的进步将迫使人们改变既有的思维模式和传统印象。

　　以机器学习为代表的人工智能技术的快速发展和在军、民领域的广泛应用，为未来作战提供了十分广阔的想象空间。2016 年 6 月，美国辛辛那提大学旗下的 Psibernetix 公司开发的"阿尔法 AI"人工智能系统，在模拟空战中击败了有预警机支持的美国空军战术专家李上校(Col. Lee)，李上校与"阿尔法 AI"进行了多次战斗，但没有一次获得胜利，他一次又一次被"阿尔法 AI"击落。

　　李上校表示："'阿尔法 AI'的观察能力和反应能力让我吃惊，它似乎掌握了我的动机，并且快速对我的飞行变化和导弹部署做出了反应，它知道如何摆脱我的导弹发射锁定，它能够在防守和进攻之间自如切换。""这是我见过的最具侵略性、敏捷性、变化性和可靠性的 AI。"与人类飞行员相比，"阿尔法 AI"在空中格斗中快速协调战术计划的速度比人类飞行员快 250 倍。这一试验的结果预示着未来无人战斗机将可能出现在战场上，这一点超出了人们原先的想象。

　　据资料报道，目前，DARPA 和美国空军研究实验室正在全力攻克认知电子战技术，试图利用人工智能强大的学习与推理能力，在空中实时检测、分类和对抗未知的威胁信号，形成快速的闭环电子战能力。在此背景下，以人工智能技术武装相对低成本的空中作战平台，有望成为美军通过空中分布式作战概念实现更低成本和更高效能作战能力的重要推动力。

图 2.33　李上校与"阿尔法 AI"空战

2.4　对分布式作战概念的深化认识

依据对分布式作战概念的分析，并结合近些年对技术发展趋势的研判，深化了对分布式作战概念的认识。

2.4.1　分布式作战是战场"物联网"

分布式作战概念实际上可以视为是网络化作战概念的升级，是在新理念和新技术支撑下的新一代的网络化作战概念。从某种角度看，传统的网络化作战概念是战场上的"互联网"，而"分布式作战"则可视为是战场上的"物联网"。

分布式作战概念在传统的网络化作战概念基础上，由信息的互联互通和态势共享，升级为资源和能力的共享。在传统的网络中心战中，作战节点依托网络，交互和共享态势信息；在"分布式作战"中，作战节点依托网络，在交互和共享态势信息的基础上，还可进一步交互和共享资源和能力，如导弹和传感器。在民用领域，共享单车的出现就是一个典型的"分布式交通"概念。依托网络的互联互通，依托支付宝、微信等网络支付手段，民众可以"分布式"地共享物理平台。

从前面对美军分布式作战概念的分析可看出，"分布式作战"的本质是将各个作战平台的各种资源(如传感器、武器、任务系统的计算能力等)进行深度共享(信号级交联)，并通过面向任务的自适应动态结构重组，产生出新的能力或使原有能力形成质的飞跃(即能力涌现)，从而大幅提高装备体系的综合作战效能。

从本质上讲，"分布式作战"不仅是信息的互联、共享，而且是在信息互联、共享的基础上，火力/任务的互联、共享；不仅是信息的交互、共享，而且是火力/任务的交互、共享。这正是"分布式作战"的与传统网络化作战的本质区别。

"分布式作战"与传统网络化作战的协同粒度不同。传统网络化作战的协同以平台为节点，即以信息互联构成平台的组合；而"分布式作战"是以系统资源作为节点，以高速信息及信号传输形成跨平台资源共享、任务共担的分布式作战系统。

"分布式作战"在信息交互的基础上，进一步拓展为资源(火力、电子对抗能力、信息感知能力等)的交互和共享，而这正是物联网的行为特征。

物联网的定义是通过射频识别(RFID)、红外感应器、全球定位系统、激光扫描器等信息传感设备，按约定的协议，把任何物品与互联网相连接，进行信息交换和通信，以实现对物品的智能化识别、定位、跟踪、监控和管理的一种网络。物联网利用通信技术把传感器、控制器、机器、人员和实物等通过新的方式联在一起,形成人与物、物与物的相联和交互。物联网技术的重要基础和核心仍旧是互联网,通过各种有线和无线网络与互联网融合,将物体的信息实时准确地传递出去。从分工上理解,互联网只是物联网中的一部分,主要是提供 IT 服务。物联网因为其"连接一切"的特点,所以具有很多互联网所没有的新特性。互联网连接了所有的人和信息内容,提供了标准化服务的信息服务,而物联网则要考虑各种各样的硬件融合,以及多种场景的应用等问题。

因此可以认为,"分布式作战"可视为是"物联网"在军事应用领域的映射。

2.4.2 智能手机的启示和借鉴

从以上"分布式作战"概念的解读可看出,信息技术是实现"分布式作战"作战概念的关键技术。因此在讨论"分布式作战"作战样式之前,先从一个侧面对信息技术的发展进行一下探讨。

在民用领域,智能手机是现代"分布式生活"概念的主角,对智能手机发展的分析将有助于理解"分布式作战"概念的实质内涵。

为什么研究手机,因为支持手机的网络相当于作战网络,而手机就相当于作战单元。手机和通信网络的发展对装备发展具有很好的借鉴和参考作用。

通常先进科技发展的规律是,最先进的技术总是在军用领域首先得到应用,然后逐步向民用领域转化,而迅猛发展的信息技术则是一个反例。目前,民用领域信息技术的发展已远远超过了军用领域,典型的例证就是智能手机。

智能手机有以下几个特征:

1. "重新定义"实现多功能

手机的基本功能是通信,新出厂的手机实际上只具备通信功能,智能手机也不例外。智能手机目前"无所不能"的能力特征是通过两层"重新定义"形成的,而不是手机厂商针对每一项服务发展一款手机。

第一层"重新定义"是由 App(Application)服务商"面向服务"开发完成的。

第二层"重新定义"则是由用户"面向应用"定制服务(面向应用定制服务,选择 App)完成的。

可以看到,通过服务商和用户的两层"重新定义",实现了智能手机几乎"无所不能"的功能特征。

通过"重新定义"实现系统多样化功能的技术属性将是新一代装备重要的能力特征。

在"分布式作战"概念中,大量低成本无人机的功能可以面向任务"重新定义",这一点可以借鉴智能手机的模式。

2. 基于网络,面向服务

智能手机"无所不能"的强大功能是由其背后的网络(云网络,3G→4G→5G)和服务(云服务,无限可选 APP)支撑的,与网络相比,服务更重要。手机服务的创新拓展能力是难以想象的,"只有想不到,没有做不到"。可以说,智能手机服务功能的发展对各种产业和服务业的冲击、改造、淹没、重组的力度和方式不是人们预先想象的,更不是设计师预先设计的。需要特别关注的，是"服务"的发展而不是"网络"的发展，为智能手机提供了"无所不能"的超强功能。当然，服务是基于网络的。

相比网络和 APP 服务而言，对于实现智能手机的诸多功能，智能手机的技术指标已经不是最关键的决定性因素了。当然，要想用的舒畅，还是需要一部好手机的，至少要满足网络要求，还有速度快、内存大、屏幕大、像素高等需求。

因此，可以认为，智能手机的发展思路是：基于网络、面向服务，并且以拓展服务为主要关注点，投入巨大。智能手机的发展呈现出网络建设不断升级(速度、带宽、覆盖区域提升)，App 服务内容海量拓展(创新力很高的领域)，手机花样不断翻新(技术性能差不多)的迅猛态势。在巨大消费市场的经济支撑和广大用户"无限想象"的需求牵引下，智能手机和 App 服务的发展几乎是日新月异。未来向哪个方向发展？还能发展到什么程度？以什么样的速度发展？这些都难以想象！

智能手机的这种能力特性对新一代装备的发展具有很好的启示和借鉴作用，尤其对于"分布式作战"概念。

映射到装备上，智能手机可以视为是新一代装备平台，网络可以视为是体系，APP 服务则可以视为是"面向任务"开发的应用软件。

3. 手机的多功能技术架构

近年来移动通信技术的发展突飞猛进，在军用和民用领域均获得广泛运用，改变了战争的模式，也改变了我们的生活模式。手机和数据链就是典型的应用实例。

手机是移动通信技术发展的客户端产物，手机对日常生活的改变众所周知，已成为大众生活不可或缺的物件。

移动通信技术在 2G→3G→4G→5G 的演进过程中，随通信技术和电子器件水平的不断提高，手机的功能逐渐增加，从最开始的仅能打电话、发短信，到网页浏览的低速上网，再到视频点播、视频交互的高速上网；从最开始的仅用来打电话，到可用来照相、导航、视频、购物、支付、刷卡等；另外，手机还具有近距蓝牙、Wi-Fi、GPS 定位功能，并且仍在继续增加红外、激光测距、重力感知等新型功能。手机功能的发展似乎永无止境，功能不断综合、性能不断提升、业务不断扩展，只有想不到，没有做不到。为适应功能不断扩充的需求，手机采用的技术架构如图 2.34 所示。

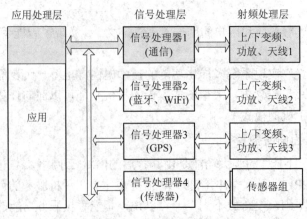

图 2.34 手机技术架构

在图 2.34 中，灰色框流程实现手机的基础通信功能，即无线通话功能，在此基础上通过扩展信号处理和应用层协议处理实现无线上网功能；对于新增添的功能，手机以同样的方式增加"射频处理+信号处理+应用处理"模块，模块数量根据功能要求和信号处理器处理能力匹配的情况确定。信号处理器处理能力越强，模块综合性越强，对应处理的功能越多，模块数越少。各路信息最终均汇总到应用处理层，通过扩展新功能的信息处理软件，进行多种功能消息的统一处理和控制。

从图 2.34 中可看出，手机以基本通信功能为主，在基本通信功能软硬件模块及其信息流程的基础上，扩展射频处理和信号处理两大类硬件模块，信号处理和应用处理两大类软件模块，通过应用处理综合，达到拓展新功能的目的。新功能是对原有功能的补充和拓展，不影响原有功能。

从技术角度看，手机功能拓展所依托的最关键的技术特征是新增功能的时效性均低于话音通信的时效性要求，因此在应用处理层进行信息综合处理即可满足功能拓展的需求，不需要对射频信号处理提出更高的需求。也就是说，手机原有的射频信号处理能力是可以向下兼容的，是能满足新增功能对射频信号处理的需求的。手机的这一关键技术特征为手机功能的拓展奠定了坚实的技术基础，正是基于这一技术特征，智能手机可以通过"重新定义"实现功能的拓展。

手机技术架构的软硬件一致性较高，可扩展性强。其特点如下：

(1) 硬件模块化，在技术允许的情况下，不同功能的同一层处理模块尽可能共用，仅在技术不支持时才会并行采用多个同类硬件；

(2) 随着技术的发展，同层模块趋向于统一；

(3) 软件对协议和消息的处理标准统一，对各种功能信号的处理流程标准统一。

而对于装备而言，新增功能对射频信号处理能力是大幅提升的。也就是说，手机新增功能的时效性均低于话音通信时效性要求，从而可以进行应用层信息综合处理；而机载任务系统功能的提升对通信时效性的要求是逐渐提高的，原有的信号处理能力很难向下兼容。这是装备与手机在技术上区别的关键。

2.4.3　分布式作战对作战协同样式的改变

分布式作战所独具的分布式资源共享、按需提供服务、动态可重组架构等技术属性为分布式作战提供了巨大的潜力和想象空间，也将带来空中平台作战的巨大变革，催生新的作战样式，典型的作战样式有云协同、云感知、云射击等。

在分布式作战概念下，位于战场中的各平台可以充分发挥自身的优势，在超强核心作战平台的带领下，按能使用，依据任务目标自协同完成作战任务。位于战场中的各平台不仅仅是空中平台，而且是包括天基、空中、地海面、水下等各种作战和信息的平台。

在分布式作战概念下，作战协同的方式将会发生了较大的变化，交互的内容将存在很大不同，主要体现在以下几点。

1. 协同层次发生变化

从单一的编队协同向单机分布资源协同、编队协同、体系协同等多层次协同转变，如图 2.35 所示。

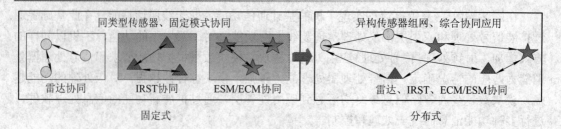

图 2.35　协同层次

2. 协同功能发生变化

从同平台、同类型、同型号传感器、单一功能协同,向多平台、多类型、多种类传感器、综合功能、同时多功能协同转变,如图 2.36 所示。

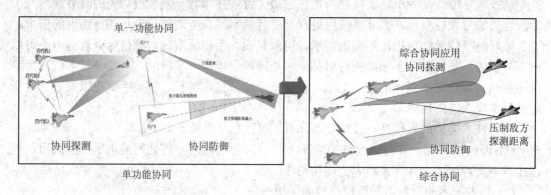

图 2.36　协同功能

3. 协同模式发生变化

从固定模式、预先规划的协同,向以任务为驱动的资源动态组织、灵活多变、按需集成方面转变。不仅限于 2 机、3 机的单一功能协同,而是以满足任务需求为原则,灵活定制出适合任务需求的协同模式,如图 2.37 所示。

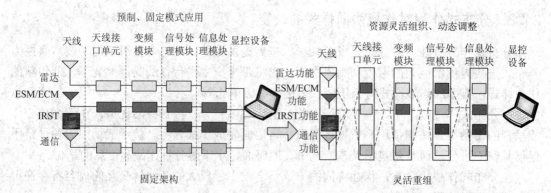

图 2.37　协同模式

在目前的协同应用中,资源与各功能呈紧耦合关系。在分布式作战的协同应用中,以数据链构建的基础网络和资源动态感知、调度等服务为手段,为各平台的资源之间搭建了通路,实现了网络化的资源级共享,可以根据任务需求调用全网资源,获取更大的作战效能和更灵活的作战使用方式，如图 2.38 所示。

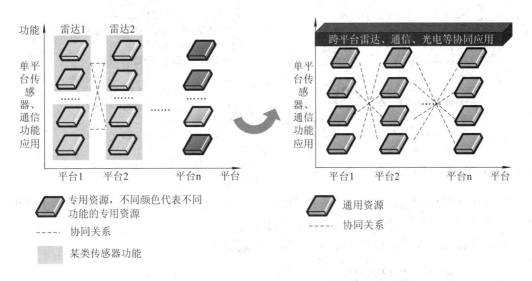

图 2.38 协同资源

在目前的协同应用中，不存在服务的概念，各协同的实现有赖于固定的流程，不同功能需要制订不同的流程。"分布式作战"的协同通过抽象各种功能中的共性要素，定义一系列较为通用的服务，通过对服务的调度和重组来支撑各类不同的功能实现，具有可扩展性强、使用灵活的特点，如图 2.39 所示。

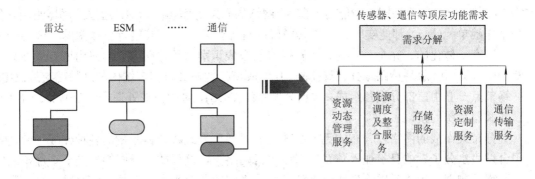

图 2.39 服务架构

4. 设备级资源协同

分布式作战的协同从目前的功能级协同转变为资源级协同，通过资源合理重组，在有限资源下可同时提供更多的功能。

分布式作战的功能从目前平台可实现的功能固定转变为功能的灵活增减，在分布式作战的网络中，各平台可实现的功能不仅限于平台自身能力，而且完全可以借用其他平台完成任务需要的功能，不需使用时仅需释放资源。

如传感器的资源利用，将从单一利用向虚拟化多重资源同时运用方面转变，有效提高传感器资源的利用效率，如图 2.40 所示。

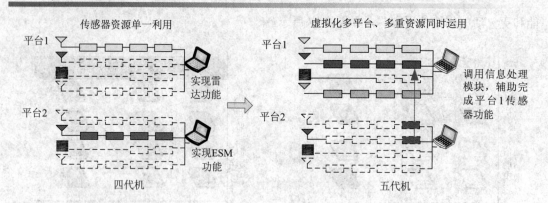

图 2.40 资源运用

在分布式作战的战场上，一架飞机可以向另一架飞机"借"导弹用，"借"传感器用，也可以将自己的资源"借"给其他作战平台使用。

分布式作战更深层次的发展方向是实现信号级协同。

2.4.4 对分布式作战网络的认识

分布式作战的网络可以视为是"网络中心战"网络的去中心智能化升级版。"网络中心战"的核心可视为三个互相耦合的网络，即探测网络(态势感知网络)、信息网络(指挥通信网络)和交战网络(武器控制网络)。这三个网络的有机结合使武器系统的结构(陆、海、空、天、电)实现了一体化，也使作战力量的功能(侦察、控制、打击)实现了一体化。

美国海军为了有效地对付敌方越来越现代化的各种先进武器威胁，一直在进行基于"网络中心战"概念的"协同作战能力(CEC)"网络的开发工作。在其中，通过传感器组网，使每个作战单元(平台)都能实时共享极其精确的目标信息，并对其进行合成跟踪，最终形成一幅海空一体化的、完全一致的、可互操作的合成识别与跟踪图像。网络内所有成员只要有一个能够对威胁目标跟踪并实施交战，其他成员都能在其射程范围内与之精确交战。CEC网络节点一般由三部分设备组成：数据分发系统(DDS)、协同作战处理器(CEP)以及 CEP 与舰载武器系统的接口。

分布式作战的网络以分布式无中心节点的"云"方式融合体系中的各种作战平台，各平台以"水分子"的身份加入体系，形成"云网络"。这里的"云网络"是一个虚拟的空间网络，物理上的"云网络"实际上就是由体系中的各个平台组成的，链路是由高速数据链组成的，各平台航电系统的计算机就是"云网络"中的分布式服务器。各平台依据能力不同，所处环境不同，任务关注点不同，为"云网络"提供资源，并按需从"云网络"获取各种资源服务。

平台自身能干好的事，发挥自身的能力，自行解决，并要像雷锋一样将自身的资源贡献给"云网络"，这种资源不仅仅停留在信息层面，而且涵盖整个任务系统，既包括传感器信号，也包括武器使用；自己干不好的事则在"云网络"中搜索，从"云网络"中获得资源服务；资源来自云端，决策来自平台自身，任务在体系之中来自协同动态分配。

在"云网络"的支持下，"分布式作战"体系中的综合平台既可依托自身超强的任务能力，形成高度独立的自主作战能力；也可作为核心节点，引领体系形成自组织、自同步、自协同的作战能力。分布式作战体系中的单项平台则可以依托网络，使用综合平台或其他单项平台的资源。

面对日益复杂的作战环境和日益激烈的对抗态势，高度自主的作战能力是新型武器必须具有的能力。在云端资源不足的情况下，即网络不能提供有效支援的情况下，综合平台和单项平台也可在人工智能系统的支持下，按预先设定的规则自主实施作战行动。

分布式作战体系中的各作战节点依据任务目标，依据作战规则自协同、自同步，并依据能力、环境和需求向"云"提供资源并共享使用"云"中资源，这些资源具有一体化、一致性和可操作性的特征。在"云网络"支撑条件下，体系中的各作战节点综合形成的感知协同、集群制空、高度自主的作战能力特征将是新一代装备体系与现有装备体系在能力特征上最大的差异。

依托"云网络"实现分布式作战的核心思想之一就是：把战场的资源整合起来，供体系中的每一个成员共享使用。分布式作战这种属性为作战样式的变化提供了广阔的想象空间。

2.5 对分布式作战典型作战样式的认识

从对分布式作战概念的分析可知，分布式作战概念是一种多样化、可剪裁、可重组、可添加的积木式作战概念集，其作战样式针对不同的作战场景存在较大的差异。

2.5.1 分布式作战典型作战样式描述

分布式作战典型作战样式的具体描述如下：

(1) 位于战场空间内任何平台的各类传感器依托分布式作战网络，相互协同，对战场进行侦察监视，向分布式作战网络推送战场信息，为整个作战体系提供共享战场图像服务，也可为特定的平台定制推送特定的战场信息。

(2) 分布式作战网络中的某一平台发现目标，该平台发送目标信息至分布式作战网络，并持续提供目标信息服务，分布式作战网络中所有平台共享目标信息，位于战场空间的其他平台也可依托分布式作战网络，为作战体系提供目标信息服务。

(3) 分布式作战网络中各作战平台按作战规则发射武器对目标实施攻击，分布式作战网络中位于射程内的任一平台均可依托分布式作战网络为攻击提供火力服务。

(4) 分布式作战网络中任一位置合适、能力具备的作战平台，依托分布式作战网络，为攻击弹药提供引导服务，实时闭合杀伤链，评估作战效果；引导服务可以有两种形式，一是攻击弹药自行在分布式作战网络中搜索获取目标信息，二是由分布式作战网络中担负引导服务的平台针对性地推送引导信息。

(5) 能力超强的核心作战平台前出，对目标试图实施的反制行动进行火力和电磁压制；位于战场空间的其他平台均可依托分布式作战网络，为核心作战平台的压制作战提供信息、火力和电磁压制服务。

对典型分布式作战作战概念进行分解和细化，即可描述"云协同"、"云感知"和"云射击"等作战样式。

2.5.2 "云协同"作战样式

典型"云协同"作战样式基本作战流程如图 2.41 所示。"云协同"作战样式的具体描述如下：

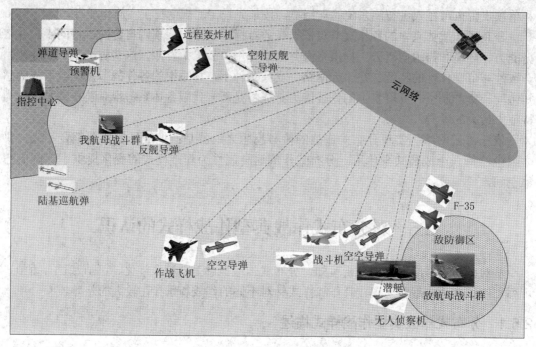

图 2.41 "云协同"作战样式

(1) 作战平台(有人/无人机)与无人侦察机配合，对战场进行侦察监视；位于战场的任何平台均可依托"云网络"，为整个作战体系提供战场图像服务。

(2) "战斗云"中的某一作战平台(有人/无人机)发现敌航母舰载战斗机在外防御区巡逻。

(3) 作战平台发送目标信息至"云网络"，并持续提供目标图像服务，"战斗云"中所有平台获得目标图像。

(4) 各作战平台发射弹道导弹、陆基巡航导弹、反舰导弹等武器对航母实施攻击；位于射程内的任何平台均可依托"云网络"为攻击提供火力服务。

(5) "战斗云"中位置合适的任一平台，依托"云网络"，为攻击弹药提供引导服务，实时闭合杀伤链，判断作战效果；位于战场的任何平台均可依托"云网络"，为攻击弹药的提供引导服务；引导服务可以有两种形式，一是攻击弹药自行在"云网络"中搜索获取目标信息，二是由"云网络"中担负引导服务的平台针对性地推送。

(6) 作战平台(有人/无人机)对试图拦截我攻击平台和弹药的敌航母舰载战斗机实施攻击；位于战场的任何平台均可依托"云网络"，为攻击敌航母舰载战斗机提供引导和火力服务。

这一作战样式视图看起来似乎与基于"网络中心战"的联合火力打击图像相似(见图 2.42)，但形似神不似。与基于"网络中心战"的联合火力打击相比，基于"云网络"的联合作战在内涵上存在较大差异。

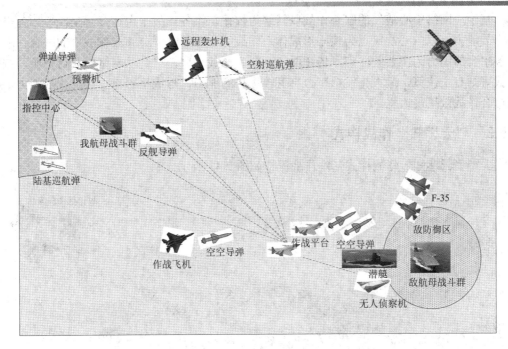

图 2.42　联合火力打击作战样式

从讨论的典型作战样式来看,与基于"网络中心战"的联合火力打击作战样式相比,基于分布式作战网络的联合作战样式在能力内涵上大幅提升,两者作战形式相近,内涵差异较大。基于分布式作战网络的联合作战样式可实现跨域的任务协同,实现全战场作战力量的有效整合,以能力互补方式最大化运用各类作战力量。

表 2.5　两种作战样式差异对比

	基于"网络中心战" 的联合火力打击	基于"分布式作战"的 联合作战
网络结构	集中式	分布式
体系架构	基本固定	可动态重组
节点功能	基本固定	可动态灵活定义
协同原则	依据准则拟制的合同	依据准则,根据态势自协同
协同结构	定制指派	依能力、环境、需求自组织
协同深度	跨域信息协同	跨域任务协同
体系资源使用	事先规划,实时申请,指派式 (有时延)	事先规划,实时自协同,服务式(实时响应)
协同状态	统一、时空一致、可互操作的 合成识别与跟踪图像	统一、时空一致、可互操作的合成识别与跟 踪图像 统一、时空一致、任务优化的自同步、自协 同实时任务分配方案

分布式作战作战样式使空中作战从指挥协同、信息协同、火力协同能力向任务协同能力提升,它不仅可以提升各自平台的能力,而且可以弥补各自平台的不足。

基于"网络中心战"的联合作战以网络为依托,将各作战平台连接起来,叠加各平台的作战能力,以中心决策点为核心形成体系作战能力。基于"分布式作战"的联合作战则以各平台的能力为主要关注点,依托网络互联各作战平台,平台从网络中获得资源,按照作战规则自主决策,最大化发挥平台自身较优势的能力,形成平台自主集群作战能力,实现综合作战效果最大化。

2.5.3 "云感知"作战样式

典型"云感知"作战样式基本作战流程如图 2.43 所示。

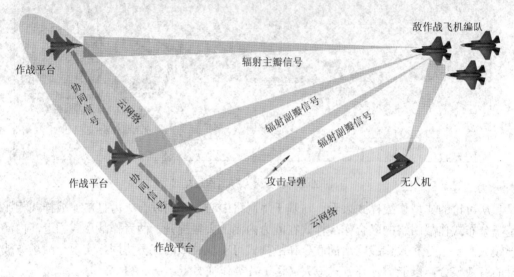

图 2.43 "云感知"作战样式

"云感知"作战样式的具体描述如下:

(1) 作战平台(有人/无人机)在"云网络"信息支援下,飞抵作战区域,在飞行过程中从作战云网络的"云网络"下载所需战场态势信息。

(2) 作战平台(有人/无人机)依托"云网络"信息和自身电子战系统,对作战区域目标进行被动探测。

(3) 敌机编队突前的飞机打开传感器进行探测。

(4) 作战平台(有人/无人机)编队依托"云网络",通过信号级组网协同方式形成攻击态势,对敌机实施攻击。

(5) 作战平台(有人/无人机)编队依托"云网络",获取战场内其他平台的信息/火力服务,如突前的无人机所提供的目标指示信息,并可由突前的无人机提供火力引导服务。

可进一步设想,如图 2.44 所示。在国土防空作战中,由地面大功率雷达依据预警指示照射作战空间,作战平台(有人/无人机)依托"云网络"利用敌目标机的散射信号对敌机实施导弹攻击。

在这种情况下,拦截飞机甚至可以不安装主动雷达,只装备电子战系统即可。

再进一步设想,如图 2.45 所示。若有地面雷达提供精确的目标位置数据,则拦截飞机只需用数据链路接收数据,对目标实施静默攻击,连电子战系统都可以不用了。

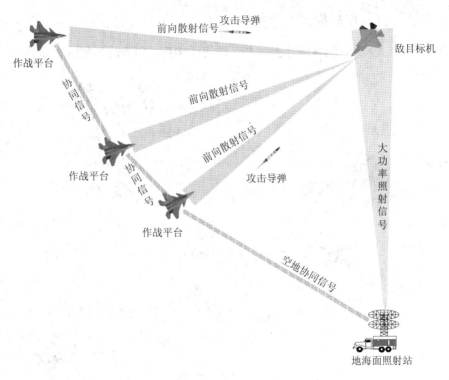

图 2.44　国土防空"云感知"作战样式 1

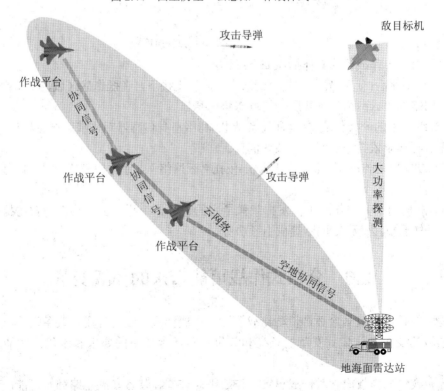

图 2.45　国土防空"云感知"作战样式 2

2.5.4 "云射击"作战样式

作战平台(有人/无人机)典型"云射击"作战样式基本作战流程如图 2.46 所示。

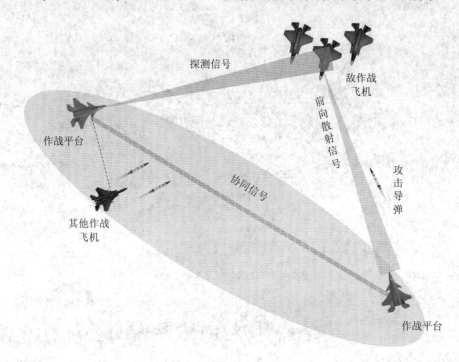

图 2.46 "云射击"作战样式

"云射击"作战样式具体描述如下:

(1) 作战平台(有人/无人机)在"云网络"信息支援下,飞抵作战区域,在飞行过程中从作战云网络的"云网络"下载所需战场态势信息。

(2) 编队中的一架作战平台(有人/无人机)利用自身传感器对作战区域目标进行探测、识别,编队与体系依托"云网络"共享信息。

(3) 编队中的作战平台(有人/无人机)依托"云网络",通过信号级协同,以被动方式对敌机实施攻击。

(4) 战场内的其他作战飞机发挥载弹量大的优势,依托"云网络"为攻击提供火力服务,作战平台(有人/无人机)则提供引导服务。

2.6 分布式作战可能带来的作战变革

适用的新型作战概念必将带动作战思维、作战样式、装备运用、装备发展、技术预研等多领域的变革,认识到变革的意义和效果,跟随上变革的要求和步伐,才能立于不败之地。

分布式作战作战概念对作战思维、作战组织方式、装备发展思路都有可能产生较大的冲击,带来这些领域的变革。

2.6.1　作战方式的变革

空中分布式作战可显著提升美军在强对抗环境中的作战能力。由于中、俄等国一体化防空系统的主要作战对象为传统平台，故 DARPA 认为与目前的作战概念相比，分布式空中作战在强对抗环境中的效费比较高。首先，小型无人机以个体方式在"反介入/区域拒止"环境中渗入敌方防区的能力强；其次，小型无人机群体作战将"饱和"敌方防空系统，使其无法应对全部目标，即便进行防御也需耗费昂贵、有限的地空导弹打击廉价的单个小型无人机，防御成本显著增加；最后，小型无人机集群还可依据敌情和自身损失，实时排列组合出最优的作战能力，实现在 F-22、F-35 战斗机、B-21 轰炸机等有人机的有限指控下，以群体方式完成使命任务，作战灵活性更强。

这种作战方式的变化对于防御方而言，存在系统"饱和"、目标识别困难、决策陷入死循环、拦截火力不足等一系列问题。传统的作战方式已不适应这种威胁，需要全新的应对思路。

2.6.2　OODA 环闭合方式的变化

OODA 是观察(Oberve)、调整(Orient)、决策(Decide)以及行动(Act)的英文缩写。在"分布式作战"模式下，空中作战体系中各作战平台将在协同态势下发挥各自的优势，简单的平台在体系中只担负 O 或 D 或 A 的角色，OODA 环在整个"分布式作战"体系中是闭合的，而不是由各节点自行闭合的 OODA 环。传统的依托 OODA 环设计的空中作战环流程可能被改变。对于各作战平台，其作战过程将由传统"过程式"转变为"节点式"，各节点充分发挥各自的优势，由于单点的能力是体系中最优的单项能力，因此体系的综合作战效果可能得到大幅提升。在"分布式作战"模式下，将会出现由三代机/空中武库机/甚至是地面发射架上的弹、四代机的干扰机、五代机的雷达、前置无人机的光电传感器等不同资源构成的异构 OODA 作战环。

2.6.3　空中作战组织方式的变化

分布式作战将可能改变传统的空中作战组织方式，使作战组织更加灵活。传统作战组织中，作战编队的组织受到作战平台类型、性能及规模等多种因素的限制，作战编队可用资源非常有限，体系综合作战能力难以充分发挥。在"分布式作战"模式下，将改变目前固定的作战编队模式，转而采用更灵活多变、按需整合、面向战场自适应的作战模式，不仅限于两机、三机的单一功能协同编队，而且以满足任务需求为原则，动态定制出适合任务需求的可变规模、异型异构协同攻击体系，组织方式以作战效果最大化为目标，更加灵活、多选。

2.6.4　作战指控和战场管理方式的变革

在传统的网络化作战环境下，各作战平台依据战前统一规划，分头装订；战时统一指挥，分散实施的作战原则实施作战行动。其实质是按规划实施作战行动，因此，目前重点是研究装备相应的任务规划系统。

在分布式空中作战概念下，各作战平台仍要遵循战前统一规划，分头装订；战时统一指挥，分散实施的作战原则。但与传统的网络化作战不同，分布式空中作战更强调按规则自主实施作战行动，尤其是在强对抗战场环境中，由于网络的脆弱性、战场环境的复杂性、目标的多变性、任务的多样性等因素，因而统一集中指挥是很难实现的。随着人工智能技术的发展，无人平台依据自身或共享的态势，依据事先确定的作战规则，自主实施作战行动，执行作战任务。

这一变化是装备智能化发展的必然结果。装备的智能化特征将对指挥员、战斗员的行为和指控模式带来巨大的变化，随着智能化装备的发展，"一体顶层规划，分布自主实施"将有可能成为未来作战的主要形态之一。与传统的网络化作战不同的是：分布式空中作战将"集中"的环节提前至战前的"一体"准备，在作战行动实施过程中，不再"集中指挥"，而是由智能装备在作战体系中，依据一体规划的作战任务，依据规则，分布自主实施作战行动，依据一体化态势和自主感知的战场态势，自主决策实施作战行动。从依照规划作战转变为依据规则作战。

2.6.5　空中作战体系的综合作战效果最大化

分布式作战使空中作战从指挥协同、信息协同、火力协同向任务协同能力提升，并且可以实现跨域任务协同，不仅可提升各自平台的能力，而且可以弥补各自平台的不足。基于分布式作战的空中作战体系，其综合作战效果将是单体平台作战效果的乘积。进入我方分布式作战体系的敌机，其平台隐身、机动等措施对其自身生存及作战能力的贡献将下降到最低点，甚至完全消失；不可逃逸区等概念将彻底改变，分布式作战体系的范围内均是敌机的不可逃逸区。分布式作战体系的范围有多大，敌机的不可逃逸区就有多大。攻击将来自于分布式作战空间。在空中作战平台有限的情况下，分布式作战能够实现综合作战效果的最大化。

分布式作战在反隐身、抗干扰、综合火力打击等方面将具有显著的优势，将大幅提升空中作战体系的综合作战效果。

2.6.6　装备发展方式的变革

分布式空中作战概念具备改变未来航空装备体系发展思路的潜力。分布式空中作战与当前作战样式大相径庭，如果美军践行此概念，空中作战装备发展思路也必将随之产生改变。首先，美军未来大型多功能有人平台的装备数量有可能减少；低成本无人机、巡飞弹、导弹等相关领域的发展将越来越得到重视，航空装备体系中将出现越来越多的低端平台；高性能小型机载设备和武器技术有可能成为未来航空装备体系发展的重要关注领域；先进的人工智能算法和软件将为空中作战能力的提升做出重要贡献。总之，分布式空中作战将牵引未来空中作战装备呈现机体廉价化、平台智能化、载荷小型化等特点，这些特点的呈现将对未来航空装备体系的发展思路产生变革性的影响。

从另一个角度看，由大量低成本作战平台构成分布式作战体系，类似于在智能化战争中构建"人民战争"的汪洋大海。

2.6.7　平台自主集群战概念

分布式作战的资源呈分布式结构、服务式状态，依托分布式作战可对作战资源进行重新定义和结构重组，分布式作战的这种属性为空中作战样式的变化提供了广阔的想象空间。除了"云感知""云协同""云射击"等典型作战概念外，在分布式作战概念的牵引下，可能会逐渐呈现"平台自主集群战"作战样式。平台自主集群战是分布式作战概念的一种表现形式。

在"平台自主集群战"概念下：位于分布式作战网络中的核心作战平台，可以引领位于分布式作战网络中的其他作战平台，依托分布式作战网络的资源，依据综合作战效果最大化原则，发挥各自特长，贡献自己的资源，共享分布式作战网络的资源，按任务需求自主优化调度使用所需资源，在分布式作战协同条件下重点关注自己的任务，自主决策，自主实施。

依据事物螺旋式上升、波浪式前进的哲学规律，从平台中心战发展到网络中心战，再从网络中心战上升为分布式作战是符合事物发展内在规律的。

在以新一代装备平台为核心的"平台自主集群战"作战样式中，体系和装备平台将呈现高度灵活的战场自适应特性。

2.7　制约分布式作战概念的因素

分布式作战是在人工智能技术支撑下的更高层次的网络战，该作战概念的实现对网络技术和人工智能技术的依赖性很强。虽然网络技术的发展日新月异，人工智能技术的发展也如火如荼，然而，越是先进的技术越是存在可能没有认识到的问题，在实际应用以前，一定要对潜在的问题进行深入的分析和辨识。

分析认为，实现分布式作战概念可能存在以下几方面的困难。

2.7.1　战场网络稳定可靠问题

依托网络技术组成的作战体系，可以突破单平台技术原理和性能指标的制约，放大单平台的作战能力。但战场网络不同于民用网络，战场网络对数据的准确性和实时性要求远高于民用网络，加之战场网络是一种在非合作、强对抗环境下运行的网络，其稳定性、可靠性对作战进程和效果的影响十分显著。信息领域的对抗一直是作战双方十分关注和投入巨大的作战领域，有意电磁干扰是作战双方在战场上一定会应用的作战武器，甚至在平时也会使用这种软杀伤武器。近期，俄空天军在叙利亚使用电子干扰，挫败极端组织对俄空天军在叙基地进行的无人机机群攻击就是一个明显的例证。

分布式作战的网络是一种"分布式网络"，相比集中式网络而言，"分布式网络"的管理和控制技术难度较大，还涉及许多新的思想。从任务需求来看，分布式作战的"分布式网络"应具备自组织、自协同、松耦合、动态智能调整、能力涌现、高速宽带、健壮性等技术特性，可能还有隐身需求。这些问题都可能存在一些技术瓶颈。

2.7.2　人工智能适用性问题

分布式作战要实现真正的"分布"自主性，就需要人工智能技术的突破。要实现分布式作战体系的自组织、自协同的能力，则需要体系和装备平台的高度智能控制和决策能力。

服务于作战的人工智能面对的是态势模糊、瞬息万变、甚至是虚假的战场态势，面对的是非合作、强对抗的战场环境，面对的是无规则可循的作战对手，面对的是要求不一样的多样化任务。自然科学可以通过实验获得对事物的认识，社会科学可以通过统计获得对事物的认识。而军事科学很难有规律可循，真实的实验代价很大、组织困难，模拟的实验样本量不足、可信性不足。军事科学实际上是一门经验的学问，在强对抗、复杂多变的战场环境中，如何动态调整作战行动，如何通过平时训练使人工智能系统获得足够的经验知识，如何将指挥员、战斗员的经验知识总结、归纳、转化为可重复使用的知识体系，对于人工智能系统而言，挑战巨大。

2.7.3 作战规则生成验证问题

分布式作战体系在低对抗战场环境中，可以依据事先确定的任务规划实施作战行动。而在强对抗、瞬息变化的战场上，分布式作战体系则要依据明确的任务目标和事先确定的作战规则，自主决策、自主协同实施作战行动。作战规则对于实现分布式作战体系的自主作战是不可或缺的，作战规则是分布式作战体系各单元节点形成"默契"自主协同作战能力的依据。

面向不同作战任务生成适用的作战规则，对于分布式作战的自主性实现至关重要。但如何生成面向不同作战任务的作战规则，则困难多多。

美军经过长期的实战和训练积累，相应的作战规则十分详细。美军在实施作战任务以前，还会对作战方案进行反复推演，验证确定相应的作战规则，并会为参战人员提供详细的任务指示。

对于分布式自主作战，在战术层面，指挥员的作用在战前和战后十分重要，在战斗进行过程中的重要度则显著下降。指挥员在战前的主要任务是明确作战任务和约束条件，制定作战规则；在战后的主要任务是总结经验教训，收集分析数据，修改完善作战规则。在战斗进行过程中基本是观众，当然必要时是可以干预的，这种情况发生只能说明事前的工作不到位。

相比之下，我军在这一方面存在较大差距，作战和训练的数据积累严重不足，对作战任务规划的研究则刚刚起步，尚存在很多认识不到位的地方。因此，面对未来"分布式作战"的作战需求，如何生成、如何验证、如何动态调整面向不同作战任务的作战规则，对我军而言，是一项新的、十分艰巨的研究任务。这一研究任务即是技术层面的问题，更是思维层面、作战层面的问题。

第3章　多　域　战

　　"多域战"概念近期已成为美军研究和探讨的一个热点,该作战概念已被正式纳入美国陆军顶层作战条令。"多域战"概念将在前沿技术发展的支撑下,牵引美军向更高层次的"跨域联合"一体化作战形态发展。

3.1　"多域战"作战概念解析

　　"多域战"概念的实质可以理解为更高层次的一体化联合作战,是一种一体化全谱作战样式。"多域战"作战概念中的联合作战不再局限于传统的军兵种编制序列域,联合作战将拓展至物理域、时间域、地理域和认知域。"多域战"作战概念中的联合将现有各军兵种力量在各自优势空间域的联合一体化运用,拓展至各军兵种力量在陆海空天电"五维"空间的融合一体化运用。

　　多域融合示意图如图3.1所示。

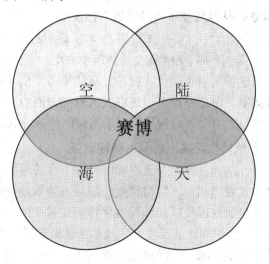

图 3.1　多域融合示意

3.1.1　"多域战"概念描述

　　"多域战"概念的核心是,打破各军兵种编制、传统作战领域之间的界限,最大限度利用空中、海洋、陆地、太空、网络空间、电磁频谱等领域的联合作战能力,以实现同步跨域协同、跨域火力和全域机动,夺取物理域、认知域以及时间域方面的优势。

"多域战"概念旨在推动美国陆军由传统陆地战场向海洋、空中、太空、网络空间、电磁频谱等其他作战域拓展，更好地支持联合作战部队在"反介入/区域拒止"(A2/AD)作战环境中的军事行动。"多域战"的初步目标是实现美国陆军作战能力提升，最终目标是为了全面联合美军各军兵种，充分拓展美国陆军在联合作战中的生存空间，实现全作战空间域内火力和机动能力的同步协调与联动。"多域战"概念的提出，标志着美国陆军作战理论正在发生重大转变。

3.1.2 "多域战"概念发展概况

"多域战"是美军继"空海一体战"概念后，用来应对"反介入/区域拒止"的又一次理论创新。"多域战"概念自2016年10月提出以来，就得到美国各军种的共鸣和积极响应。美国陆军更是在战略规划、作战筹划和武器装备发展层面采取多种举措，加速推进"多域战"概念深化发展和实战化步伐。

1. "多域战"概念正式写入美国陆军新版作战条令

2016年11月11日，"多域战"概念被正式写入新颁布的美国陆军新版《作战条令》中，该条令是美国陆军两大基础条令之一。该条令规定了美国陆军力量运用的通用性作战概念，是美国陆军其他条令制定原则、战术、技术发展等事项的纲领性文件。该条令要求：作为联合部队的一部分，陆军通过开展"多域战"获取、掌控或剥夺敌方力量控制权。陆军将威慑敌方，限制敌方的行动自由，确保联合部队指挥官在多个作战域内的机动和行动自由。"多域战"概念列入顶层条令，是美国陆军乃至美军联合作战指导思想的重大动向，对陆军后续发展和能力建设具有重要意义。

2. 美国陆军与海军陆战队联合发布"多域战"白皮书

美国陆军与海军陆战队2017年2月24日联合发布《多域战：21世纪合成兵种》白皮书，阐释了发展"多域战"的背景、必要性及具体落实方案。白皮书指出了执行"多域战"的三个具体落实方案：创建和利用临时优势窗口、重建能力平衡并构建弹性作战编队、改变部队部署态势以加强威慑。白皮书旨在促进有关应对敌方能力发展的讨论，启迪后续概念制定、作战模拟、实验与能力发展的构想，谋求将新的作战方式嵌入整个联合部队。

3. 美国陆军讨论"多域战"环境下的军力结构调整

"多域战"寻求空中、陆地、海洋、太空和网络五个作战域的一体化作战，与过去针对具体领域解决问题的方式截然相反。网络和太空等新兴领域以及潜在对手对这些作战域的运用，迫使美国陆军反思如何以及以何种程度将传统作战技能合并到上述作战环境中。美国陆军目前正处于思维、组织和作战发生彻底变革的初始阶段。在过去15年里，美国陆军与技术水平较低的对手长期作战，为潜在敌人提供了一个观摩美军战术的窗口，作战效能强大的新型低成本技术不断涌现，使美国陆军不得不在"多域战"环境下进行军力结构调整。

4. 各军种赋予"多域战"不同的定义

"多域战"概念提出之后，美军各军种对此表示了不同程度的认可与接受，同时也结合自身特点加入了新的含义。陆军在"多域战"中强调"任务式指挥"和"快节奏打击"，指挥控制的焦点是作战的目的，而不是执行的细节；空军关注指挥、控制、通信与计算机能力，通过协调各军种及盟友构建全球网络；海军陆战队力图借助"全域合成兵种"，构建"海－陆－空－海"跨域协同作战圈，并突出"人作战域"的重要性；海军则提出开展"分布式作战"，并强化在"电子战和网络战"中的领军地位。

5. 洛马公司与美国空军合作进行作战演习试验"多域战"概念

美国空军认为，在未来的作战中将面临包括"反介入/区域拒止"、反卫星武器、定向能武器、网络攻击等诸多威胁；此外，未来战场形态多样，并将以前所未有的速度展开。美国空军认为在未来冲突中成功的关键在于多域指挥与控制(MDC2)，无缝、同步地融合空、天和赛博空间作战，其中实现融合是关键。美国空军设想的未来指挥与控制模式是：从全球的传感器、平台及武器网络上收集数据，迅速融合形成可支持行动的情报，在所有空军部门、各军种和情报部门之间实现共享。指挥官根据提供的信息，可以跟踪友军和敌军，运用最适合的武器来打击任何域的目标，并接收近乎实时的反馈信息。多域指挥与控制还将利用电子和赛博战方面的先进能力，以及定向能武器和超声速武器，开发攻防兼备的战术、技术和程序。

"多域战"概念(空军作战样式)如图 3.2 所示。

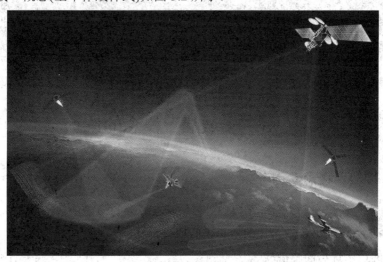

图 3.2　多域战概念(空军作战样式)

洛马公司是美国空军空中作战指挥控制系统的承包商，洛马公司资助了一系列针对"多域战"的作战演习和推演，以探索如何针对具备"反介入/区域拒止"(A2/AD)能力的对手实施合适的战略、运用相应的作战概念和武器。2017 年 4 月，洛马公司与美国空军合作，在位于弗吉尼亚州的创新中心举行了"多域战"演习。演习活动的主体由扮演"多域战"联合作战部队和扮演传统作战部队的两支团队组成。在为期 3 天的演习中，进行了多域指挥与控制的推演，检验空、天和赛博作战域中的作战计划，探讨了如何实现跨域指挥和控制，提高美军空中、太空以及网络领域的协同作战能力，重点研究了如何使作战人员更好地嵌入到作战决策回路中。2017 年 11 月，洛马公司再次进行推演，试图创建类似于传统"空中任务指令(ATO)"的综合任务指令。综合任务指令将把任务分配给所有太空和赛博部队。

　　洛马公司针对"多域战"概念研发了"多域指挥与控制系统",将空中、地面、海上及太空的各种系统关联起来,将太空数据、空中数据和赛博空间数据关联起来,整合成一个多域体系,为作战人员提供一种通用的战场态势图,实现跨域的态势感知。该系统可作为作战管理系统,有助于将太空融入空军的作战管理。2017 年 9 月,洛马公司表示,目前美国空军已在推演及其他模拟场景中使用该系统。

　　"多域战"概念(跨域态势感知)如图 3.3 所示。

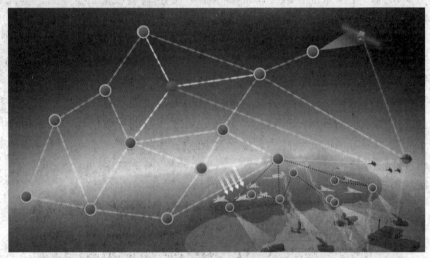

图 3.3　"多域战"概念(跨域态势感知)

3.2　对"多域战"概念的认识

3.2.1　"多域战"概念动因分析

　　从以上分析可认识到,美国陆军提出"多域战"概念的动因是基于技术、威胁的变化,但重点是从维护美国陆军在美军作战体系中的地位出发的。

1. 美军的技术优势面临挑战

　　从未来作战环境来看,美军面临多域威胁,技术优势不再凸显,这种趋势要求美军发展跨军种跨领域的联合作战概念,以保持体系作战优势。美军认为,未来可能与旗鼓相当的对手对抗,对手态势感知能力强,在杀伤力极强的战场上,运用精确制导武器,能够限制美军联合部队的机动和行动自由。美军的作战方式是运用技术侦察、卫星通信以及空海力量,确保地面机动自由,并达成对敌的绝对优势。对手能力的发展威胁着联合部队内的相互依赖,使美军长久以来的优势变成了潜在的弱点。实施"多域战",将使美军联合部队能够从相互依赖转变为真正的融合,能在所有领域采取作战行动,给对手造成多重困境。

2. 中俄新兴作战能力的发展

　　"多域战"概念主要针对中俄,并聚焦如何准备实施高强度、高技术的战争。美国认为中俄企图改变冷战后的国际秩序,两国军队技术先进,与美军实力相近,能充分挑战美国的军事技术优势。中俄都拥有或正在研发航母、隐身战机、新型高超声速武器、无人机、电子战装备、先进的防空系统、远程精确制导反舰导弹等先进的武器装备，欲抵消美军在空域和海域的作战优势。美军判断，与中俄等强大对手之间爆发战争的可能性上升，特别指出要对付中国的"反介入/区域拒止"战略。对此，美军提出"多域战"理论，关注未来大规模、高强度、信息化战争，为战略和战法提供指导。

3. 提升陆军在作战体系中的地位

在"多域战"概念指导下，美国陆军不再是海、空等其他军种的"援助对象"，而是能够利用可靠前沿基地和丰富战场信息，以及自身的跨域感知、目标识别和打击能力，协同和融合联合作战力量，参与、支援乃至控制其他作战域。具备"多域战"能力的未来陆军将能向联合部队提供海、空、天、电磁频谱和网络空间等跨域火力打击，能够拦截导弹、击沉敌舰、压制敌方卫星，乃至入侵或破坏敌方的指挥控制系统。

在传统的美军结构中，陆军一直处于老大的位置，随着技术和装备的发展以及美国全球战略的调整，美国陆军在美军作战体系中的地位逐渐下降。美国的战略核武器由空、海军掌握，海外作战任务多由空、海军承担，在这种态势下，陆军越来越感到被边缘化的威胁。在冷战时期的欧洲战场，陆军处于绝对的主角地位。面对前苏联为首的华约组织的军事威胁，面对华约组织在数量上远超北约组织的装甲洪流，美国陆军首先提出了"空地一体战"构想，当时空军只是积极参与的配角。而面对中国的崛起，美军在提出的"空海一体战"构想中，基本上没有考虑陆军的作用。面对这种逐渐被边缘化的威胁，美国陆军积极地自主发展新型的远程打击武器，如陆军的先进高超声速武器 AHW，希望能在"空海一体战"构想中取得一席之地，同时还创新性地提出一些适应未来远洋、远海全球作战的新型作战概念，期望能提升美国陆军在美军作战体系中的地位。其效果如何，仍待观察。

3.2.2 "多域战"概念对美国陆军建设的牵引作用

美国陆军提出"多域战"概念的重点是维护陆军在美军作战体系中的地位，因此该作战概念对美国陆军建设的牵引作用是十分明显的。

1. 为美军跨域联合作战的发展奠定基础

"多域战"构想是美国陆军对未来作战环境的重新审视，代表美军对未来战争场景设计的最新观点，对适应未来战争环境的联合部队发展具有指导意义。"多域战"理论的特点不仅在于作战域的拓展，更在于推动力量要素从"联合"走向"融合"，为美军跨域联合作战能力的发展奠定基础。"多域战"是科学技术飞速发展时代背景下美陆军对以往作战思想、作战理论的创新发展，预示着未来军事斗争将进入一个更为复杂的全新阶段，同时也折射出信息化智能化时代军事革命的发展方向。

2. 推动美国陆军作战体系的革新和发展

美国陆军推出"多域战"的概念，主要是希望从战争理论的高度对未来战争进行剖析，明确陆军在未来战争中的地位和作用，从而指导作战体系的构建和装备体系的发展。"多域战"意味陆军既接受其他军种的支援，也能够推进、承担、支援甚至主导其他领域的作战行动。在未来的安全环境下，随着领域间的融合及复杂性的增加，尤其当陆军需要获得跨领域的主导优势时，需要在非传统领域发挥影响力。这要求陆军能够击沉敌舰、压制敌方卫星、拦截导弹，乃至入侵或破坏敌方的指挥控制系统。为此，陆军发展多域作战能力，将扩展在空天防御、网络攻击、干扰发送甚至反舰能力等领域的作战能力，为其他军种提供支撑，并带动陆军新一轮革新。

3. 促进美军网络信息化作战能力的提升

"多域战"的实施，需要运用合成兵种，不仅包括物理领域的能力，而且更加强调在太空、网络空间和其他竞争性领域(如电磁频谱、信息环境以及战争的认知维度)的能力。"多域战"突出了网络信息化作战的重要性。在高度信息化的环境中，应统筹使用作战平台和编队、人员和无人装备、动能和非动能武器以满足作战人员的需求。网络信息领域将成为下一个重要战场。可以预见，网络、电磁频谱作为现代战争的战略机动空间，其核心地位和重要性将不断增长，将成为未来战争中各方争夺的核心。美军将加速对网络信息化作战能力的提升，确保为联合作战赢得优势提供基础支持。

3.3 美国空军对"多域战"概念的研究探索

对于"多域战"作战概念，美军各军兵种均有响应，目前的研究与实践探索主要集中在指挥控制层面。美国空军对"多域战"的实践探索称之为"多疆域指挥与控制"。

3.3.1 多疆域指挥与控制概念的内涵与实践探索

"多域战"作战概念必将面临多疆域指挥与控制的问题，建立涵盖空、天、网三大疆域互联的指挥与控制架构，这对于实现"多域战"作战概念是必需的。美国空军将这种一体化的架构称之为多疆域指挥与控制，换言之，就是要确保美国空军网络中的每一个节点都与其他节点无缝互联，使整个军种能持续快速决策。为此，美国空军开展了可支持持续快速决策的多疆域一体化战场网络架构的研究。

美国空军主管采办的助理部长办公室军职代表阿诺德·邦奇中将(Lt. Gen. Arnold Bunch)表示，"多疆域指挥与控制是我们的总目标，它将把所有事物联入这个网络，这样我们就可以分析最清晰的战场图像。尽可能地从整体上关注它，以便在打击或不打击目标时都获得最好的信息，提供态势感知，确保每个人都知道任何人的位置，确保一旦某个威胁到来时，每个人都能知道它"。为了实现这样的目标，美国空军最近启动了一个多疆域指挥与控制事业能力合作小组(ECCT)，在钱斯·索兹曼准将(Brig. Gen. Chance Saltzman)的领导下，针对建造一个完全互联的美空军体系架构的需求开展研究。

美国空军希望，"多疆域指挥与控制"的研究结果不仅可帮助未来的决策，也将有助于当前在中东的战争。目前俄罗斯和叙利亚军队在叙利亚战场已部署了先进的防空系统，例如俄制 C-300 和 C-400，美国空军担忧这些防空系统的存在可能带来的潜在威胁。空中作战司令部(ACC)司令官卡莱尔上将最近透露，希望不久之后将把 F-35 战斗机派往这一地区。卡莱尔希望该机的先进传感器能够增强目前在该地区飞行的军机的态势感知，为战区司令部指挥官们提供更完整的战场图像。这将需要 F-35 不间断地向其他装备传送威胁数据，且这样的能力并不仅仅取决于 F-35 本身，也取决于美国空军网络的质量和效率。

2016 年年底，美国空军参谋长高德费恩上将在美国国会作证时表示："在当前的对抗中，质量上可支持决策的信息是最重要的，若战区指挥官们不能获得足够的此类信息，则难以做出有效的决策。为了维持优势，美国空军必须寻找新的方法，跨空、陆、海、天、水下和网络疆域集成各种能力"。他认为，钱斯·索兹曼准将领导的"多疆域指挥与控制"是迈向正确方向的第一步，但仅仅研究新战场的复杂性是不够的，美国空军需要与工业界一道，在信息战时代彻底改变自身有关购买武器的观点。阿诺德·邦奇中将指出，其中关键的一块将是确保采办团体在整个采办流程中与作战人员保持同步，这意味着建立一套界定不同的节点如何接入网络的标准，为各项新技术投资，或改变作战实验的方法。他表示"最重要的事情则是，我们需要像采办者那样，为需求提出者们工作，确保我们采办的系统是他们所需要的"。

据美国《航空周刊与空间技术》网站 2017 年 2 月 28 日报道，在美国空军 2017 年的第一场"红旗"演习中，F-35 战斗机通过收集并融合战场上的所有节点的数据，同时利用精密的传感器精准定位威胁，统治了演习空域。但是，实际战斗中关键的问题是无缝地向区域内其他装备提供威胁信息的能力，这种能力能够为操作员们提供更清晰、更综合的作战空间图像。

F-35 的先进传感器和数据融合能力，以及其他的新一代技术，将改变联合部队在未来冲突中的作战方式。然而，运用这种能力的一个障碍是美国空军仍需努力建立涵盖空、天、网三大疆域互联的指挥与控制架构。建造这种下一代网络架构是美国空军协会 2017 年度空战讨论会的一个关键主题。

3.3.2 多疆域指挥与控制概念的意义

战场上，指挥控制人员是军事行动的基础。无论技术和背景如何变化，人们追求理想结果的渴望是亘古不变的。因此，在传统空中任务周期内，作战筹划、任务部署、作战实施和作战效能评估这一基本的线性作战程序是无可争辩的。到 2035 年，为了确保拥有有效引导多疆域作战的能力，空军必须在组织编成、作战训练和装备力量上围绕技术和程序进行变革。因此，空军指挥人员将在培养相互理解和彼此信任的基础上，使用新方法和新技术来明确和简化指挥控制程序。

从作战层面来看，空军指挥控制力量围绕多疆域指挥与控制这一提供实施动态指挥控制的必要工具进行组织编成。多疆域指挥与控制类似以往空中作战中心的作用，是空军致力于实现作战筹划、任务部署、作战实施和作战效果评估任务的重要节点，节点拥有必要的指挥设施和专家用来指导多疆域作战。2035 年，空中作战中心将被改造扩建成多疆域指挥与控制。根据作战内容的不同，主要多疆域指挥与控制机制可以坐落在美国本土上，或者设立于可以使指挥控制平台能力最大化的区域。2015 年，美军已将空中作战中心的特殊任务职能相互合并，或者从地理位置上借助全球网络系统能力，将作战中心拆分成小部分。同时，空中作战中心改组成战略筹划组、任务分配组、作战实施组和战效评估组四个职能部分，每个部分在计划和实施过程中操作便捷，在时间、空间和力量上均衡。

多疆域指挥与控制的各组致力于协调各类时间表和筹划周期，强调作战艺术和作战设计。动态的指挥控制使得多疆域指挥与控制的空军人员完全可以在某一地区集成全球的作战资源。

与过去相比，多疆域指挥与控制利用先进的技术和创新的方法改变了作战方式。各职能组根据一张多域共用作战图来创建、执行和评估作战行动。当独立的作战力量能够并且必须被使用时，按照用户自定义作战图所表达的持续更新的作战计划，独立的作战力量将被安排具体的作战任务。用户自定义的作战图允许任何级别的作战用户从共用作战图中提取价值巨大的作战信息，从而以一种可被理解的样式来满足作战用户的直接需要。

多疆域指挥与控制使得飞行员任务发生转型。在与对手决策周期内进行作战，以越来越多的动态资源、任务部署和实践行动取代传统的 72 小时空中任务指令周期。互联化、智能化设计和自动化技术已经加强了作战筹划、作战行动和作战开发之间的反馈回路，可以产生最优的决策速度。这意味着指挥官们可以把更多的精力集中在指挥层决策上，而把具体的战术细节赋予相应的职能部门去完成。

多疆域指挥与控制机制也是一个综合部门和推动部门，能够领导或支持作战，无论在有序还是无序的工作环境中，都具有足够的灵活性，以适应动态发展的区域性问题，或处理和作战行动高度组织化的指挥控制要求。

3.4　美国海军陆战队对“多域战”的研究探索

对于“多域战”作战概念，美国海军陆战队的研究探索体现在其提出的对抗性环境中的濒海作战概念中。

2017 年 10 月，美国海军作战部长和海军陆战队司令联合签署发布公开版《对抗性环境中的濒海作战》作战概念文件。这是 2017 年 2 月 27 日美国海军陆战队司令罗伯特·奈勒(Robert Neller)签署该作战概念之后首次对外公开的。该作战概念根据新兴威胁强调了海军和海军陆战队实施一体化濒海作战的必要性，试图为一体化濒海作战提供统一框架，并特别强调将海军陆战队的海基、陆基能力纳入制海作战行动。该概念的推出，是近十年来美国海军陆战队推动“回归两栖传统”转型后，适应新作战需要的一次重要理论创新。

3.4.1　对抗性环境中的濒海作战概念提出的背景

美国海军和海军陆战队一体化作战并非新课题。第二次世界大战期间，美国海军和海军陆战队在制海作战和两栖作战协调配合上有着丰富的经验。特别是在太平洋战场，海军夺取和掌握制海权，为两栖作战提供了保障；海军陆战队则攻占岛屿基地为进一步制海作战提供了支撑。冷战结束后，由于强大对手的消失，美国海军掌握了“天然制海权”，在两栖作战中并不担心制海权问题，因此海军陆战队在中东地区做了十余年的“第二陆军”。然而近些年来，随着潜在敌手远程精确打击能力的发展，美国海军的制海权面临挑战，同时海军陆战队作战环境也发生了重大变化。

进入 21 世纪以来，随着精确制导和信息技术的发展，潜在敌手的海上拒止作战能力越来越强，美国海军在濒海区域的行动自由已经受到极为严峻的挑战。与此同时，一些敌手在精确制导武器、岸基传感器以及区域内的空中和水面平台等方面有足以抵消美军力量的巨大优势，能够将海上拒止作战能力升级成夺取和维持制海权的能力。这些敌手未来可能控制重要海上咽喉、掌握重要海洋区域，甚至在更远的距离上增加了美军部队行动的风险。

潜在敌手靠近他们的本土和基地网络实施作战，占有优势地理位置，而美军要在全球范围内行动，要通过绵长的交通线向遥远的地方投送力量。潜在敌手已经掌握了先进的水下作战能力，有可能挑战美军的传统优势。美军大型海外军事基地具备规模效应，但也很脆弱。美国海军大型舰船实施前沿存在，具有续航力强和灵活性高的优点，但也是敌军重点打击的目标。这些因素都可能会抵消美军的能力优势。

随着现代化传感器和武器的发展，濒海战场大幅延展，使海上和陆上作战之间的区别日渐模糊。尽管海军作战的任务重点仍然在海上，但远程精确制导武器迅速发展，已经大大扩展了作战范围，可覆盖更多的岸上区域。因此，美国海军和海军陆战队需要将濒海区域视为整体，海军作战区域应该包括陆上空间，海军陆战队作战区域也应包括海洋空间。

由于诸多国家和非国家行为体具备了实施远程精确打击的能力，随着战场空间的扩展，美军所面临的濒海环境也更加复杂。2006 年，美国海军陆战队担负从黎巴嫩撤出美国公民的任务时，黎巴嫩真主党向在附近活动的以色列护卫舰上发射了一枚 Noor 反舰导弹，使这样一次普通的非战斗撤离行动需要考虑更加多样化的危险。尽管大规模两栖作战已经半个多世纪没有出现过，但美国海军和海军陆战队要执行的两栖行动任务却一点儿没有减少。

鉴于两栖环境的复杂性，美军将"对抗性环境"分解为"不确定性环境"和"敌对性环境"两类。对于"不确定性环境"，美军部队经常要实施非战斗撤离、大使馆增援、人道主义援助、灾难应对和其他危机应对行动，且要严格遵守交战规则，限制实施先发制人行动，消除潜在威胁；对于"敌对性环境"，美军部队要前沿部署，随时准备应对突发事件，并及时慑止冲突升级。

3.4.2 对抗性环境中的濒海作战概念的主要内容

1. 核心目标

对抗性环境中的濒海作战概念的核心目标，是创建一个由海基和陆基传感器、射手和保障者组成的模块化、可扩展和一体化的海军作战网络，提供持续机动的前沿存在，有力应对危机和较大规模的突发事件，并慑止对抗性濒海区域出现的侵略行为。

这些目标包括：建立和维持战场感知；建立持续的海上拒止能力，慑止侵略行为；夺取和维持制海权；在不确定的环境中有足够的防御性和非致命能力，在面对海上拒止威胁时有效实施作战行动；有效实施海上力量投送行动。美军指挥官需要向海(水面和水下)、陆(地面和地下)、上方空域、网络空间、电磁频谱五个维度有效运用海上力量。

从对抗性环境中的濒海作战概念的核心目标可以看出，其实质是实现跨域的力量运用，以及跨军兵种的指挥控制，而这正是"多域战"的核心思想。

2. 指挥控制

美国海军和海军陆战队实施一体化海上作战、陆上作战、海陆双向作战，首先需要一体化的指挥控制架构。美国海军将海军陆战队纳入合成作战指挥体系，并就合成作战司令部确定为两军种常设指挥机构的问题进行了深入的评估，得出了常设合成指挥机构有助于同时进行一体化的进攻和防御性作战行动，以应对多个目标和多种威胁的结论。

除了集中指挥，分散执行战术行动也是作战一体化的重要标志。合成作战体系内，各战术指挥官可以随时根据兵力的编成和任务以及敌手的能力情况进行相互补充，某些时候可承担与作战指挥官、功能性编队指挥官以及协调者相关任务领域的所有或部分指挥职能，以利于分散执行战术行动。每个作战指挥官，无论是海军军官还是陆战队军官，都将根据战术形势需要和合成作战指挥官指令，从其他作战指挥官处接受支援或提供给其支援。这样多种海军陆战队能力才可以完全整合到合成作战体系之中，使打击战、水面战、防空反导战以及水雷战都能呈现全新的局面。

3. 参谋团队

美军认为，缺乏了解海军陆战队能力、局限及特殊支援需求等相关知识，作战参谋人员不能满足一体化地应用海军和海军陆战队能力的需求。

美国海军和海军陆战队将给舰队/联合部队海上组成部队司令部参谋部配备海军陆战队专家，以提供相关知识支持。这些海军陆战队专家在每个参谋部内都应该有实际的职位，而非只是担任联络员，从而形成一支"蓝/绿(blue/green)"组合的参谋团队，支持指挥官规划和执行涉及海军和海军陆战队能力互补式作战行动的能力。这支新的参谋团队可以将海军陆战队能力纳入合成作战体系，并发挥互补性作用，向指挥官提出支持制海作战的建议。

4. 部队组成

美国海军和海军陆战队将探索组建制海作战力量组合的可行性，以便在不确定的环境中实施危机应对行动。这就是所谓的濒海作战大队(Littoral Combat Groups，LCC)。濒海作战大队聚焦制海作战，将成为海军一体化任务编队的首要单位，这个部队将包括 1 支两栖戒备大队、1 支陆战队远征队、1 艘或多艘水面作战舰以及海军远征部队的一些部队。濒海作战大队指挥单元由 1 名海军将官领导，得到一体化海军-海军陆战队参谋团队的支援。该大队应具备水面战、反潜战和远征水雷战等方面的作战能力，具备足够的防御能力，具备利用小型作战艇投送和回撤海军陆战队员执行各类任务的能力。

当危机扩大或者意外事故发生，需要更多的战力才能获取和维持制海权时，美国海军舰队/联合部队海上组成部队指挥官可以选择用更多的力量来加强濒海作战大队的能力，或将濒海作战大队与其他编队组合起来，如航母打击大队、海上陆战队远征旅或特别目标陆战队空地特遣部队。

5. 能力发展

(1) 指挥控制方面。增强组建并指挥控制可扩展的、一体化的海军和海军陆战队特遣部队的能力，在不利环境中指挥控制海上任务部队的能力，综合运用可互操作的海军和海军陆战队 C^4ISR 系统及一体化网络的能力。

(2) 情报方面。增强不确定环境态势感知能力、火力任务快速评估能力，充分了解整体濒海作战环境。

(3) 火力方面。发展致命和非致命火力，并将其整合到海上控制和力量投送行动中，用来破坏敌手的指挥控制、运动、机动和情报能力；增强远程打击、火力支援的能力；发展向海上拒止和海上控制作战提供陆基支援的能力；增强迅速运用特种作战部队支持海军目标的能力。

(4) 运动与机动方面。增强有效建立远征前进基地、掌控网络空间和电磁频谱、用各种平台投送多种规模的登陆部队、实施海基近岸突袭作战的能力。

(5) 防御方面。增强保卫远征前进基地、保卫前沿海基后勤平台、实施水雷探测、规避和清扫的能力。

(6) 后勤方面。确保可以供应充足的精确制导弹药和燃料，迅速建立机动的秘密远征后勤基地，提升后勤部队的机动性、防御性和灵活性，以及利用辅助平台增强后勤支援能力。

3.5 "多域战"概念可能产生的作战变革

从对"多域战"概念的解析可以看出，"多域战"概念的实质是更高层次的联合作战，"多域战"概念将传统联合作战主要关注军兵种编制序列域的联合，拓展至物理域、时间域、地理域和认知域的联合。

3.5.1 军兵种的作战范围将大幅拓展

在"多域战"概念中，计划让美国陆军的作战范围向传统陆地以外的空中、海洋、太空及网络等领域拓展。"多域战"设想了这样一种未来：同步跨域火力，即在所有域内机动，实现物理上、时间上及位置上的优势。"多域战"不仅能更好地整合各军种的行动，还要求各军种扩大责任范围。

在军种联合上，美国国防部副部长罗伯特·沃克表示，"将从单纯的能力同步走向全面的能力整合。比如，防空能力可能来自潜艇，反舰巡航导弹可能来自地面陆军部队"。戴维森对此称，海军任务可以有其他军种的参与。在获取制海权上，陆军可发射岸基巡航导弹。即使在看似由海军专门负责的战略运输上，仍有联合协作的机会，例如联合网络防御。如果防护较弱的后勤网络被入侵，货物离港、到港及运输路线等信息被泄漏，行动的效果就会大打折扣。联合仍然是制敌关键，但相比之前的联合，现在需要跨更多领域的联合。哈里斯甚至称，"我们需要这么一种联合：任何军种都不起主导作用，任何领域都没有固定边界。"

在拓展陆军能力方面，"多域战"概念意味陆军既能够接受其他军种的支援，也能够推进、承担、支援甚至主导其他领域的行动。在未来的安全环境下，随着领域间的互融及复杂性的加大，尤其当作战司令部需要获得跨领域的主导优势时，需要各军种在非传统领域发挥影响力。这意味着陆军将能够在不同的领域实施多样化作战行动。

3.5.2 军兵种的作战要素将联合使用

在"多域战"概念中，军兵种的作战要素将联合使用，实现任务协同，这一点与"分布式作战"概念有紧密联系。由此可见，美军的各种作战概念相互之间并不是独立的，而是存在较为密切的有机联系。

"多域战"将突破由一个或两个军种主导联合作战的传统思维模式，从作战空间整体观出发，基于作战效果整合力量，进一步推动美军从军种联合向作战要素融合、能力融合、体系融合转变。"多域战"概念要求陆军具备多重能力，能够在不同领域实施多种作战行动，未来战场的边界将日益模糊，独立战场空间将逐步消失。

在防御领域，陆军的"爱国者"和"萨德"可在防御轰炸机和弹道导弹攻击机场及港口时发挥关键作用。随着技术的进步和装备的发展，通过地面获得制空权是可能的。美国人认为，现在战争的特征已发生了改变。在乌克兰，亲俄武装在没有空军的情况下，通过地面获得制空权，他们综合运用电子战、网络、自主系统、无人机等，在非近战的情况下，打败大规模的地面部队。

在进攻领域，陆军地地战术导弹及未来的远程精确火力导弹可打击敌地面导弹发射车、雷达及指挥所。此外，还可以想象陆军具备某种反舰能力，如使用某种反舰巡航导弹，或陆基 M109 帕拉丁 155 毫米自行火炮(发射类似反舰型"神剑"炮弹或超高速射弹)，或 M142 高机动火箭炮系统。陆军应具备网络和电子战能力，入侵并干扰用以支持 A2/AD 系统的控制网络。这将提升美军的应对能力，使对手的 A2/AD 失效。

因此，在未来的海洋冲突中，作战力量不仅来自美国海军、空军和海军陆战队，还有可能来自美国陆军。

3.5.3 指挥与控制方式将可能发生变革

在"多域战"概念中，多域指挥与控制是决定"多域战"实施的关键所在。目前美军对"多域战"概念的研究主要聚焦在指挥与控制方式上。如何协调如此庞大而复杂的作战行动是必须面对的问题，如何实现多域指挥与控制问题仍需进一步研究，因此美军进行了多次指挥推演以深化认识。

传统的联合作战是谁为主谁指挥，在"多域战"概念中，这一传统联合作战模式可能面临挑战。"多域战"概念中的联合作战可能呈现没有主导军种，不存在军兵种固定作战区域的态势。看似混乱，实际上是更高层次的能力融合。

"多域战"要求美军以作战任务为牵引，依托信息技术优势，采取集中计划、分散执行的指挥模式，指挥官要充分发挥主观能动性，以确保在模糊和混乱的局面中进行指控并取胜，甚至每位作战人员都要树立任务导向思维，根据自身角色和职能争取主动权。同时，利用无人自主系统进行更广泛可靠的信息收集、组织和优先排序，以提升战术机动性，使指挥官拥有更多决策时间和更大决策空间。

3.5.4 认知域作战还需进一步观察

"多域战"概念中提出了认知域作战的概念。美军认为现代战场形成了物理域、信息域和认知域三个作战维度。认知域作战是更高层次的人类战争，与传统战争旨在从物质上对敌实施硬摧毁不同，认知域作战主要是通过对敌情感、意志、价值观等进行干扰和破坏，以软杀伤的方式达到不战而屈人之兵的目的。"多域战"特别强调在物理域之外，将电磁频谱、信息环境及认知域等作为未来重要的竞争性领域，认为持久的战略成功并不取决于战斗的胜利，而取决于敌我双方意志的较量。战争真正需要摧毁的是敌人抵抗的意志，只有打垮了敌人抵抗的意志，战争才真正获得胜利。因此，如果敌人不承认失败，则战争永远无法结束。因此对敌人认知域的作战是很有必要的。

目前出版的文献中关于协同的认识，有以下几个要点：

(1) 参加协同的单元需要在两个以上，具有一定的层次结构，且存在最终决策的一方。

(2) 协同的目标是共同一致的。

(3) 协同要求各协同方的行为积极主动。

(4) 协同需遵守一定的规则。

(5) 协同的重要手段是通信。

(6) 协同目标最终发生在认知域。

协同与域的关系如图 3.4 所示。

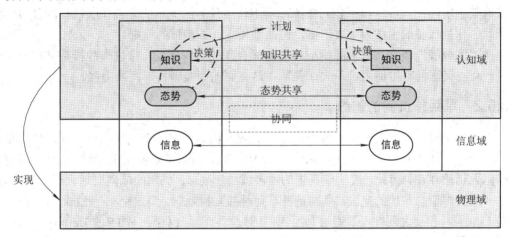

图 3.4　协同与域的关系

物理域是战场态势存在的领域。物理域是在陆、海、空、天环境中实施作战行动的领域，也是装备平台以及连接装备平台的通信链路所在的区域。这一领域的元素是最容易度量的，因此，传统的战斗力度量主要是针对这一领域进行的。

信息域是信息存在的领域，是信息生成、处理与共享的领域，也是促进作战人员之间进行信息交流的领域。信息域是作战双方指控命令传输的领域，指挥员的意图可以在这一领域传递。

认知域存在于参战人员的头脑中。认识域是感觉、知晓、理解、信念以及价值观存在的领域，是参战人员做出决策的领域。

由以上定义认识到，协同实际上是基于对物理域的认识(态势感知)，通过信息域的交互(数据链路)，在认知域做出决策、付诸行动(协同作战)，进而反馈影响战场态势再进入下一轮协同循环的过程。从 OODA 循环来看，态势感知是第一个 O，决策和行动则是后面的ODA。

因此，对敌人展开认知域的作战是很有必要的，但是如何进行，还需深入探讨和研究。目前的认识还停留在理论和感性层面上。

据报道，美军正积极研发基于脑控和控脑技术的武器系统，旨在通过读取人的认知和思想来掌握敌方人员的心理状态，从而扰乱敌方指挥官的思维判断和决策部署，甚至控制其意识行为，使敌方落入美军设计的陷阱，为美军创造决定性优势。

3.6　实现"多域战"概念可能存在的困难

虽然"多域战"概念是由美国陆军提出的，但引起了美军高层和各军兵种的重视和积极响应。实现"多域战"概念仍然存在很多制约要素和困难。

3.6.1　指挥体制的变革

虽然联合作战的理念已融入美军的骨髓中，但传统的联合作战仍是各军兵种在联合作战框架下实施的，各军兵种独立指挥，实施作战任务。美军的联合作战以作战任务实施的空间、作战任务的主体为主要依据，遵循谁为主、谁指挥的原则。

"多域战"概念将有可能挑战目前的联合作战指挥模式，推进作战指挥体制的改革，这一点对美军而言可能困难不大，美军在这方面的经验丰富，决断力强。

3.6.2　军兵种机制的制约

"多域战"概念模糊军兵种作战域的界限，虽然美军各军兵种积极响应，但都是在本军兵种的框架下响应的。由此可见，美军各军兵种之间的偏见隔阂、地位争夺、利益分配等问题仍然存在。因此，要实现真正的"多域战"概念，机制的障碍要远大于技术的障碍。

如美军信息系统的建设，早期是各军兵种独立树烟囱，美国空军是 Link-16，而海军则是 Link-4，相互之间并不联通。甚至在美国空军内部，也存在 F-15 的 Link-16 与 F-22 的机间链不能互联互通的问题，只能通过研制"猛禽·仇恨"网关吊舱，使其他非隐身飞机可以享用 F-22 的信息优势。

按照"多域战"概念的思路，未来可能就不存在现有的军兵种划分，可能会产生一种新型的军队编制结构，从而为从根本上突破军兵种机制的制约铺平道路。

3.6.3　能力重复建设的问题

美军各军兵种积极响应"多域战"概念均是在本军兵种的框架下响应的，都希望将本军兵种建设成具有全域作战能力的力量。这必定存在能力重复建设的问题。多域作战能力的建设，对各军兵种而言何乐而不为；对于全美军而言，是能力分配问题；而对于美国国会而言，则是预算分配问题。

如何协调能力重复建设问题，对美军而言可能是一个新问题，可能有应对措施，也可能还没有认识到，目前未见相关报道。

总之，"多域战"的实施在细节上还存在诸多障碍，所以必须做到创新思路先行，在训练和演习中将创新想法与现实结合起来，在实战演练中发现更多的问题。为此，美军成立了"多域特遣部队"主责"多域战"的演习，对"多域战"思路进行深化认识。在发展新的硬件系统之前，研究这些创新思路至关重要。美国陆军认为，陆军最大的制约因素不是武器，而是缺少使用武器的创新理论和概念。

第4章 穿透型制空

美国空军在 2016 年 5 月发布的研究报告《2030 年空中优势飞行规划》中，提出了"穿透型制空"(PCA)的作战概念，计划在 2028 年左右获得某种"穿透型制空"作战能力。

4.1 "穿透型制空"概念解析

美国空军提出的《2030 年空中优势飞行规划》(以下简称《规划》)报告中，对"穿透型制空"概念的简单描述为：飞机能够进入，并在由包括陆基导弹和飞机在内的不断增强的精密空防系统保护的敌方空域内作战。《规划》认为要实现"穿透型制空"作战概念需要发展新武器、新型传感器和创新性的组织架构。

《规划》对美国空军未来空中优势能力构建进行了研判，提出了 2025 年空中优势体系装备形态构想，如图 4.1 所示。图 4.1 中，虽然不能准确地反映美国空军的思路，但已包含了主要的关键元素，可体现出美国空军所说的未来空中优势"系统族"概念。

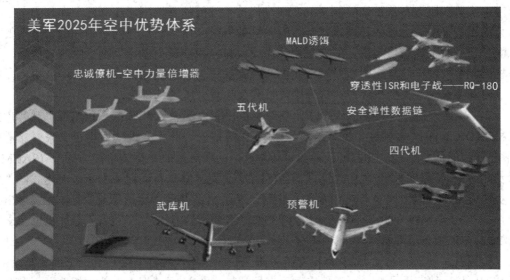

图 4.1 2025 年空中优势体系

图 4.1 显示，RQ-180 在作战体系中作为穿透型 ISR 节点使用，结合《规划》报告中的简单描述和第 2 章的研究，可以初步解读美军"穿透型制空"概念。

美国空军空中作战司令部(ACC)司令官卡莱尔上将对《空军杂志》表示，美国空军拟在 2030—2035 年部署某种 PEA。他指出，PEA 是某种能够穿透高端防空系统的飞机，可以是用于争夺空中优势的"穿透型制空"空中优势平台的改型，或是"某种在该领域可更快一些的东西"，或是某种无人平台。

"穿透型制空"平台如图 4.2 所示。

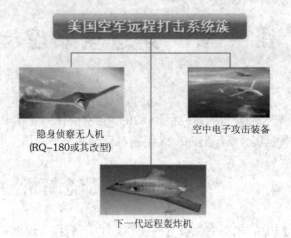

图 4.2 "穿透型制空"平台

目前掌握的资料并没有对"穿透型制空"概念进行详细描述，很多问题没有回答，如"PCA 是什么样子？""PCA 如何远程护航 B-21？""PCA 如何利用隐身优势在敌对领空上生存？"本书依据零星的资料和研究的认识，对"穿透型制空"概念给出基本的解读。

"穿透型制空"概念的核心思想是：利用高隐身的飞行平台，深入敌方防区纵深实施 ISR 任务，为防区外的作战平台提供信息支援。在这一点上，"穿透型制空"概念与"远距空中优势"概念有着密切的联系。在新一代技术发展的支持下，超高隐身和超强电子战能力的作战平台，可以依托技术优势，深入到敌方防区内，将敌方的空中作战力量击毁在地面、起飞线上或自认为安全的空域中。由此可见，"穿透型制空"概念的实质内涵，正是杜黑制空权理论的精髓。在兰德公司的《空战的过去、现在与未来》报告中就提出，在夺取台湾海峡制空权的作战方式选择中，远程轰炸对方机场是首选。

在"穿透型制空"概念的牵引下，美军又提出了"穿透型电子战"(PEW)、"观察攻击飞机"(OA-X)和"多疆域指挥与控制"(MDC2)等概念，并正在推动适用于未来"穿透型制空"作战的战斗机、轰炸机、机载弹药等新型武器的发展,如"小型先进能力导弹"(SACM)，以及此前未透露过的"防区内攻击武器"(SIAW)。美国空军在证词中表示，上述武器"对于实现美国下一代飞机的全部潜力至关重要"。SACM 将用于"穿透型制空"项目发展出的未来战斗机。SIAW 将武装洛马公司的 F-35、诺格公司的 B-21"突袭者"轰炸机以及未来的 PCA/F-X 未来战斗机。

美国空军于 2017 年 3 月 29 日提交给美国国会参议院武装部队委员会的书面备忘录中，称 SiAW 是一种空面导弹，用于打击对手支撑其"反介入/区域拒止"能力的地面、海面作战要素。美国空军此前从未提及 SiAW，这一缩写词也没有在最近的美国空军预算文件或者技术路线图中出现过。SACM 则是一种小型空空导弹，价格更低，尺寸较小，飞机可以挂载的数量比当前的 AIM-120 中距弹和 AIM-9X 近距弹更多。SACM 概念和项目由美国空军研究实验室(AFRL)提出，相关概念现已由美国雷神公司发展成熟，与此同时还发展出单独的"小型自卫弹药"(MSDM)概念。

SACM 的发展是为了适应隐身飞机内埋挂载弹药的需求,加之美国空军新一代远程轰炸机 B-21 绝对隐身、侧重突袭的特点,可以认识到"穿透型制空"的实质内涵就是,将制空作战的战场推延到对手防区内的安全空域上空;使用超隐身的轰炸机对作战对手的机场和防空体系实施大规模毁灭性打击;使用超隐身的战斗机配载大量小型化的空空弹药,将作战对手的战斗机击落在对手防区内的安全空域。可以认为,"穿透型制空"是更高层次、更高技术水准、更单向透明的隐身空中作战。

在"穿透型制空"概念中,还提出了"武库机"概念,即采用对现有轰炸机、运输机等大型空中平台加以改造的方式,使之成为由"空中弹药库"、武器发射平台,与其他作战飞机组成的作战网络。大型"武库机"携带防区外武器在目标区域外围飞行,为深入敌防区的作战平台提供火力支援;小型"武库机"使用"防区内进攻性防空作战"模式,为 F-22 和 F-35 等平台提供额外武器。"武库机"概念与"空中分布式作战",以及后续章节讨论的"远距空中优势"概念紧密关联。

美国空军将在未来数年内评审"武库机"概念,并与国防部战略能力办公室共同进行原型化和实验工作,未来"武库机"有可能成为"穿透型"装备中第一种投入使用的装备。

4.2　"穿透型制空"概念牵引发展的装备

在"穿透型制空"概念的牵引下,美军积极发展相应的武器装备,包括装备平台和相应的打击弹药。

4.2.1　小型先进能力导弹(SACM)

SACM 是一种由美国空军研究实验室研发的小型空空导弹。SACM 用于对抗如中俄这样同等对手的高端战争,这些对手都部署了能够降级美军统治天空能力的面空和空空武器。

美国空军设想该导弹采用超敏捷弹体、高比冲推进剂、经济上承受的导引头、抗干扰的制导引信一体化等技术,具备对高隐身高机动目标的打击能力。SACM 将采用配有高密度推进剂装药的改进型固体火箭发动机,并综合气动、高度控制及推力矢量协同控制;SACM 将遵循开放式架构标准,从而能快速升级新的模块化导引头、制导段、战斗部段和推进段;SACM 将具有光滑的弹体,从而获得更高的敏捷性,并可以由隐身飞机内埋挂载;SACM 将从数字化设计与制造过程中受益,从而比它们要取代的系统成本低得多;SACM 作战性能与 AIM-120 中距空空导弹相当,但尺寸仅为 AIM-120 的一半,可大幅提高隐身战斗机弹药内埋挂载的数量;此外,美空军将用"微型自防御弹药"对该导弹进行补充,用于增强各种平台的自卫能力。

美国空军研究实验室在 2014 年 4 月披露了 SACM 概念及其说明,图 4.3 为该导弹攻击我歼-20 战斗机的想象图。

关于 SACM 的资料不多。据资料报道,洛马公司正在为美国空军研发第五代空空导弹,该导弹将于 2020 年前服役。它的体积比美军现役主力空空导弹 AIM-120 要小很多,但其射程比 AIM-120 远,作战能力比 AIM-120 强。F-22 隐身战机一次可携带 14 枚该新型导弹。暂不清楚该导弹是否与 SACM 有关联。

图 4.3 SACM 攻击我歼-20 战斗机的想象图

美国空军现役主力空空导弹 AIM-120 体积太大，所以美国空军的 F-22 与 F-35 战机，在采用内置弹舱携带 AIM-120 导弹时，存在载弹量不足的缺陷。F-22 战机一次只能携带 6 枚 AIM-120；F-35 战机一次仅能携带 4 枚 AIM-120。携带的空空导弹数量太少，意味着 F-22 与 F-35 的持续作战能力，不如大部分三代机。

要让 F-22 或 F-35 战机内置弹舱携带更多的空空导弹，有两条路可走：一是扩大这两型战机内置弹舱的容积，但这是一个几乎不可能完成的任务，因为这两型战机内置弹舱的容积在设计阶段就被固定下来了；二是缩小空空导弹体积，让这两型战机的内置弹舱内，可放置更多的空空导弹。

洛马公司推出的第五代空空导弹，其最大特征就是体积小、重量轻。弹长约为 177 cm，远远小于 AIM-120 的 365 cm；弹重约为 70 kg，而 AIM-120 弹重约为 157 kg，体积和重量仅分别为 AIM-120 中程空空导弹的 40%和 45%。但其最大射程达到了惊人的 200 km，已超过 AIM-120 中大部分型号的射程；它安装有近炸引信和触发引信两种类型引信，可以在复杂的电子对抗环境下，全天候、全时段使用。由于新一代导弹体积小，因而美军 F-22 将可内埋携带 14 枚；F-35 将可内埋携带 12 枚。

洛马公司推出的第五代空空导弹，战力强悍。一是集近距格斗和超视距拦截功能于一身；二是拥有 150°角的大离轴发射能力，未来将具备全方位离轴发射能力；三是具备后向攻击能力，可攻击出现在载机正后方的目标；四是采用红外成像与主动雷达双模导引头，可在复杂背景干扰下识别与锁定真实目标；五是能在较远距离上发现隐身目标。

外国媒体夸张地说，F-22 与 F-35 战机，一旦配备第五代空空导弹，可以在空战中完胜包括苏-35、T-50 在内的俄制第三代及第四代战机。

4.2.2 下一代轰炸机 B-21

2017 年 3 月 8 日，美国空军副参谋长史蒂文·韦尔森上将(Gen. Steven Wilson)在美国众议院军事委员会就核威慑的军方评估作证时透露，空军已完成对"突袭者"B-21 远程轰炸机设计的初步审查，将购买至少 100 架 B-21，预计到 2035—2040 年完成交付。

2015 年 10 月，诺格公司在竞标中击败了波音和洛马公司，取得 B-21 轰炸机的合同。据说每架飞机的单价高达 5.5 亿美元。美国空军一直对 B-21 轰炸机的设计方案和具体进展守口如瓶，避免被任何潜在对手和新闻界获悉。B-21 的前期论证过程严格保密，仅有一些概念图外泄。

B-21 和它的前辈 B-2 从外观上看很相似，仍采用 B-2 的无尾飞翼式布局，背负式进气道和扁平喷口设计。B-21 的设计最能代表空军的理念导向，将把 B-2 全方位的隐身能力提升一个数量级。值得一提的是，B-21 的低可探测设计将能有效对抗 UHF 和 VHF 低频雷达波，低频雷达是目前反隐身的主要手段。

图 4.4 为 B-21 的想象图。

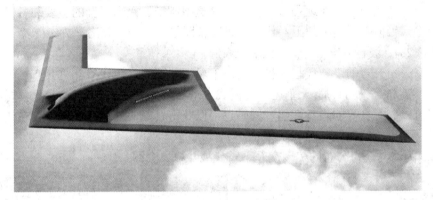

图 4.4　B-21 的想象图

美国启动下一代轰炸机的原因有两个：一是弥补现有战略轰炸机机群数量的不足；二是利用远景技术，研制出性能更为先进的新一代轰炸机，保持美国空军的战略优势。

据测算，到 2037 年美国空军装备的 B-52、B-1 和 B-2 轰炸机的总数将少于其战略航空兵飞机总数所允许 170 架的最小值，因此必须补充新型战略轰炸机。

根据资料透露的有限信息分析，得益于材料的进步，B-21 的隐身性能比 B-2 有显著提升，可能在一个数量级以上；此外其维护保障性能比 B-2 有质的跨越，维护时间和费用大幅降低，再出动时间大幅缩短。B-21 比 B-2 尺寸略小，航程和载弹量可能小于 B-2，但由于隐身性能、电子系统性能、网络战性能和维护保障性能相比 B-2 而言，有数量级的提升，因此其任务能力要比 B-2 高出许多。B-21 采用开放式任务系统架构，随着威胁的演进，具有持续快速改造升级、增强作战能力的技术基础，可以有效应对不断变化的需求。

根据相关资料的报道，对 B-21 战技性能特征的初步认识如下：

(1) 不进行空中加油的航程超过 9300 km，作战半径 3700～4600 km。

(2) 载弹量小于现役轰炸机，不超过 18 吨(有资料估算内埋挂载弹量为 6.3～12 吨，或为 5.5～9.1 吨)，但可以携带大量的轻型精确制导弹药打击大量目标，24 架 B-21 在一天之内就可以打击 1000 个独立的目标。

(3) 出厂单价为 5.5 亿美元(按 2010 年美元值计)，考虑到通货膨胀，服役时的实际单价可能是 7 亿美元，这两个价位都没有计入 200 亿美元的研发成本分摊，如果计入(按 100 架飞机)，服役时的实际单价可能是 9 亿美元。

(4) 采用的技术是尖端的，但不会采用突破性的全新技术。

(5) 不会是超声速的，因为这难以与隐身性能折中，同时也会抬高成本，飞行速度为高亚声速，估算值约为 0.73～0.75Ma。

(6) 采购数量将超过 100 架。因为它要取代现役的近 160 架轰炸机，因此，如果它的各项关键性能参数令美国空军满意，并且实践证明该机具有更好的可维护性，美国空军就将采购超过 100 架飞机来全面替换现有机队。

从美军新型远程轰炸机的发展迹象看，隐身技术优势是"穿透型制空"概念的主要技术基础，这从 B-21 被命名为"突袭者"可略见一斑。

4.2.3 未来战斗机 PCA/F-X

下一代战斗机与下一代远程轰炸机是"穿透型制空"概念配套的主要装备平台。从公开的报道看，目前美国提出的下一代战斗机装备图像有多种，如洛马方案(2 个，其中之一类似于 YF-23)、波音方案(2 个)、诺格方案(2 个)。

从三家公司公布的下一代战斗机方案外形看，美国的下一代战斗机具有一个共同的显著特点——高隐身气动布局(无垂尾、飞翼式气动布局，背负式进气道)。无垂尾、飞翼式气动布局可以获得良好的隐身性能，同时也可以获得较好的升阻比性能，存在的不足是操控性较差，飞机的机动性可能难以保证。

图 4.5 为洛马公司公布的美国空军下一代战斗机概念图。

图 4.5　洛马公司公布的美国空军下一代战斗机概念图

图 4.6 为诺格公司公布的下一代战斗机概念图。

图 4.6　诺格公司公布的下一代战斗机概念图(左图：海军型；右图：空军型)

图 4.7 为波音公司公布的美国空军下一代战斗机概念图。

图 4.7　波音公司公布的美国空军下一代战斗机概念图

从美国的技术储备来看，隐身技术经过 F-117、B-2、F-22、YF-23、F-35 等多种机型的发展，储备非常雄厚；飞翼式气动布局经过 B-2、X-47B 的实践积累了相当经验；YF-23 所使用的变循环发动机已接近成熟，在下一代战斗机中得到应用应该不成问题；机载激光武器经过 ABL 计划获得较为深刻的认识，能否在战斗机上实现尚待探讨。

因此，除机载激光武器外，目前，美国公布的下一代战斗机图像大体是靠谱的。但若激光武器不能实现，则美国的下一代战斗机可能就是 F-22plus，这是一款高级的四代半，而不是真正的五代机。虽然可能采用新一代的变循环动力，但由于没有采用与之相配合的变体结构，因此也只是提升了超巡能力和燃油经济性。

从美国下一代战斗机的方案来看，高隐身的特征最为明显。目前，世界上投入现役和实战的隐身飞机均在美国。因此，美军对隐身作战认识是既有理论认识，还有实践经验。相比之下，我军对隐身作战的认识基本停留在纸面和仿真层面。从美国依据"穿透型制空"概念牵引的装备发展来看，隐身仍将是未来空中作战的主要技术基础。

4.3　"穿透型制空"概念可能产生的作战变革

"制空式"隐身飞机 F-22 的出现，从根本上改变了空中作战的格局，引发了空中作战的深刻变革。在 F-22 出现以前，在美军的空中打击作战中，F-117A 和 B-2 隐身飞机只能承担对地突击作战任务，对整个美国空军空中作战样式的影响并不显著。因此，F-117A 和 B-2 隐身飞机在美国空军的作战体系中难当主角。而 F-22 的出现，则全面改变了制空作战的样式。

F-22 对三代机作战，战场态势是单向透明的；面对中俄隐身战斗机歼-20、苏-57 的发展，空中战场的态势向双方模糊状态发展；美国下一代战斗机的发展，将会使美军在面临歼-20、苏-57 等对手的隐身战斗机时，战场态势又呈现对美军单向透明的状态。

1. 作战样式的变革

在伊拉克战争以前的军事行动中，为了实施有效的空中打击，美国一般要在本土、航母和海外基地、战区周边盟国基地等进行三线部署，调集大量作战飞机，对敌方形成立体包围；然后进行大范围电子干扰和压制，并利用巡航导弹进行先期打击；最后攻击飞机在电子战飞机的掩护下，对目标实施突袭。

然而，以 F-22 为主发起的进攻将不再像海湾战争、科索沃战争和伊拉克战争那样，以强烈的电子干扰和压制揭开战争序幕，而是在对手毫不知情的情况下，悄无声息地开始。美国下一代战斗机的发展，将会使这种悄无声息的进攻更加悄无声息。

隐身飞机的使用(包括未来的隐身加油机)，使美军可以从远离战场的本土或海外基地起飞，直接攻击敌方纵深的战略目标；二线或三线空军基地可以不用开辟，使敌国不会因为警觉而进行战争准备。1996 年出版的，由美国前国防部长温伯格撰写的《下一场战争》就预言了日本的隐身战斗机对中国实施的这种打击。

F-117 和 B-2 隐身飞机虽然具有"偷袭"能力，但不具备威胁对手空中力量的能力，即不具备夺取制空权的能力。而 F-22 则可以凭借其优越的隐身、机动、航电和武器性能夺取制空权，对对手的空中力量构成致命威胁。面对歼-20、苏-57 的发展，F-22 感到了威胁，而美国下一代战斗机的发展正是应对这种威胁的。

作战飞机隐身能力的提升使战争的突然性大幅增加，使进攻者在原有偷偷翻墙入室的基础上，具备了隐身深入、直指命门，快速达成战争目的的作战能力。这种作战样式在很大程度上颠覆了已成定势的现代信息化战争的固有样式。

2. 作战体系的变革

在美国空军传统的作战编成中，战斗机、轰炸机、预警机、远程支援电子干扰机、随队电子干扰机等诸多机种共同组成作战体系，各自担负相应的作战任务。而"穿透型制空"隐身飞机的使用，则使美空军的作战体系更为简洁、更为灵活，面对不同的对手和作战任务，可以组成不同的模式的编成。面对中俄的严密防空体系，美国下一代战斗机可以依托超高的隐身能力和电子战性能，穿透作战对手的防空体系，深入作战对手的防区，对作战对手的防空体系实施"家门口"打击，将制空作战的战场推伸至作战对手自认为安全的"家门口"的上空。美国使用一两型"穿透型制空"装备组成简单的作战体系，即可以与作战对手的整个作战体系进行对抗，达到以小搏大、以精搏全的高效能作战目的。

3. 作战观念的变革

作战观念的变革是最重要的变革。隐身飞机的出现改变了过去先夺取制空权，而后实施大规模空中打击的作战观念；取而代之的是少而精地使用、选择性地打击、夺取制空权与空中打击同时进行。而"穿透型制空"隐身飞机的出现则进一步改变了夺取制空权的方式，将夺取制空权的战场从前线接触区推至作战对手的安全防区。"穿透型制空"的这种推伸空中作战区域的方式，改变了传统的在前沿夺取制空权，而后方基地的上空并不安全的作战观念。

4.4 对"穿透型制空"概念的深化认识

通过对"穿透型制空"概念的深入解读，获得以下认识。

1. 隐身技术是"穿透型制空"概念的技术基础

从美军配合"穿透型制空"概念的装备发展趋势来看，隐身是其最重要的技术基础。"穿透型制空"概念的核心思想是：利用隐身技术的优势，穿透作战对手的防空体系，深入作战对手的战略纵深，将作战对手的制空力量击毁在地面，或在作战对手纵深上空展开空战，夺取制空权。在作战对手纵深对作战对手的基地、指挥机构实施精确打击，可以达到事半功倍的作战效果，同时也使作战对手多年建设的面向外线的 ISR 体系失效，从而进一步放大美军的信息优势。

近期，有两则报道充分显现了隐身在战场上的优势。

一则报道是美国《航空周刊》杂志网站采访一位在叙利亚参加战斗的 F-22 隐身战机中队的中队长，一位美军空军中校。这位美军空军中校谈到：尽管俄罗斯在叙利亚部署了最先进的飞机、导弹、雷达和先进的电子战系统，但没有一次能真正锁定 F-22。一旦，俄军战机想要越线，或者防空系统开始对空探测，F-22 飞行员就会在国际频道向俄军喊话，发出警告。在战场上，当你不知道对手在哪里，而对手却平静地和对你喊话的时候，那种感觉是非常恐怖的。如果是实战，俄军战机可能已经被击落了。俄罗斯号称在实践中可以发现隐身飞机的苏-35 和反隐身雷达，都无法准确定位和锁定 F-22。这显然是对俄罗斯综合防空体系的一种挑战和威胁。

另一则报道是挪威空军给出的视频，对接收的首批 F-35 进行测试的实况。挪威空军的一架 F-35 和一架 F-16 同时升空，一位记者坐在 F-16 的后舱进行现场采访。F-16 在指定空域搜索不到 F-35，F-35 飞抵 F-16 附近，通过话音告知 F-16 自己的位置，F-16 的飞行员和记者才看到在自己侧下方飞行的 F-35。F-35 的飞行员告知 F-16 的飞行员，他已在模拟攻击中被击落了数次。

"发现才能作战"是实施作战行动的基本原则，连敌人在哪都不知道，如何实施作战行动？美军认为，F-22 具备在一场高强度对抗的空战中，一天扫荡俄军所有战机的能力。因为，俄军最强的反隐身雷达也只能大概探测到 F-22 的位置，却无法引导战机和导弹进行攻击。

苏-35 探测能力如图 4.8 所示。

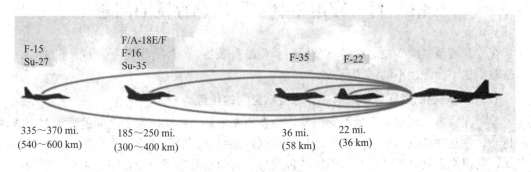

F-15	F/A-18E/F		F-35	F-22	
Su-27	F-16				
	Su-35				

335～370 mi.　185～250 mi.　　36 mi.　22 mi.
(540～600 km)　(300～400 km)　(58 km)　(36 km)

图 4.8　苏-35 探测能力

很明显，以上两则报道有夸张的地方，但隐身在作战中的优势却是不容置疑的。

2. 配合"穿透型制空"概念的装备配套成体系发展

目前，美国空军将"穿透型制空"定义为单一装备解决方案，放在未来空中优势装备"系统族"的视角之下进行论证、设计，表明其意图是跳出纯粹"机型替换"的装备发展思路，力图以适合信息时代的体系思维、演进思维来塑造未来装备。

从美军透露的信息来看，美军配合"穿透型制空"概念的装备发展，呈现配套成体系发展的态势。高隐身的远程轰炸机，高隐身的下一代战斗机，小型化、高效能的内埋空空、空面打击弹药平行发展，齐头并进。装备的发展齐装配套，为未来迅速形成作战能力，有效实施"穿透型制空"作战奠定了良好的装备基础。

3. "穿透型制空"是隐身飞机 F-22 作战样式的升级版

"穿透型制空"概念的实质是利用隐身飞机的隐身能力突破作战对手的防空体系，打击作战对手纵深的战略、战术目标，F-22 利用隐身能力突防作战对手的防空体系的作战样式就是这样。只不过面对中俄隐身战斗机歼-20、苏-57 和反隐身能力的发展，F-22 受到了威胁，在这种情况下，美军在无重大颠覆性技术突破的条件下，按照线性思维方式，继续发展新型的隐身能力更好的作战平台，携带更多的内埋弹药，仍然采用 F-22 突防作战对手防空体系的作战样式，在作战对手纵深夺取制空权。因此，可以认为，"穿透型制空"概念是隐身飞机 F-22 作战样式的升级版，是美军应对新兴威胁的应对措施。

4. "穿透型制空"概念有争取经费的嫌疑

"穿透型制空"概念的提出很有针对性，存有争取经费的嫌疑。实际上 F-22 面对现有的综合防空体系，就具有"穿透型制空"的能力。F-22 在叙利亚上空对俄空天军展现的挑战和威胁，就是典型的"穿透型制空"现实版本。在四代机发展的论证中，我军对这一点的认识已经很到位。针对中俄反隐身能力的建设和隐身飞机的发展，美军提出了更高隐身性能的装备发展计划。"穿透型制空"概念是配合美军新型装备——下一代战斗机、"突袭者"轰炸机、配套弹药的发展而提出的作战概念，其目的一是牵引装备的发展，二是为从国会争取经费提供理论支持。

由此可见，"穿透型制空"概念并不是一种新型概念，只不过是面对新兴威胁，将 F-22 "隐身制空"的概念重新包装而提出的作战概念。

4.5 对"穿透型制空"概念存疑的问题

在"穿透型制空"概念牵引下发展的新型隐身装备，会对作战对手形成新的威胁，但作战对手也不会静止不动。

1. 作战对手的发展可能抵消"穿透型制空"的优势

美军在发展，作战对手也不会闲着，也在不断发展，中美、俄美之间的技术差距会越来越小，在某些领域甚至可能出现超越。在这种态势下，美军还以线性思维、惯性思维的方式，向前推进具有更高隐身性能的装备发展，这似乎是美军自导自演、独自进行的新一轮军备竞赛。

在美军的思维中，中国一直处于守势，长于防御，乏于进攻。但中国的战略思维在改变，中国军队也在改变。中国在发展，技术在进步。如果我们以进攻思维应对美军的"穿透型制空"作战，对美军进行"反穿透"，美军又将如何应对？

2. 对作战对手纵深战略目标进行打击风险极大

"穿透型制空"作战要对作战对手的纵深战略目标实施打击，这种作战面对中俄这种核大国，系统风险极大，可能爆发全面战争，甚至可能引发世界大战，这样的结果可能并不是美国人的本意。

因此，"穿透型制空"在一定程度上存在概念威慑的成分，美国人在这一方面是很在行的。当然，敢战方能言和，面对敌人的发展，必须有效应对，但一定要想清楚如何应对，科学评估应对的效果。

3．在作战对手纵深上空实施空空作战任务的效能存疑

"穿透型制空"在空中战场推延至作战对手纵深上空，在此情况下，实施对固定目标进行打击的空地作战任务尚有可能，而实施对对手战斗机进行打击的空空作战任务，则存在较大疑惑，尤其是实施对对手隐身战斗机进行打击的空空作战任务，疑惑更大。

单靠战斗机的雷达进行搜索，效率极低，又有可能暴露目标和作战意图，美军是否还要发展可以执行"穿透型制空"作战任务的隐身预警机。有报道称，美军计划发展隐身空中加油机，但并未见发展隐身预警机的相关报道。

第 5 章　远距空中优势

兰德公司 2012 年 3 月在其《F-22 作战使用研究》报告中提出了"远距空中优势"的概念。"远距空中优势"概念并不是一个可以独立执行的作战概念，从前面的讨论可知，"远距空中优势"概念是配合"空中分布式作战"和"穿透型制空"作战概念的子概念。

5.1　远距空中优势概念解析

5.1.1　远距空中优势概念提出的背景

美国认为，二战以来，美国在军事上取得的胜利始终依赖于制空权的获取与保持。因此，在未来的冲突中保持美军的空中优势依然十分重要。

F-22 隐身飞机具有良好的突防能力，但在保持隐身构型的条件下，制约 F-22 作战效能发挥的主要因素是其内埋载弹量的大小。定向能武器可能是一个前景光明的解决方法，但因技术尚不成熟，应用尚待时日。

1.　面对高强度对抗 F-22 携弹量不足

隐身是 F-22 的突出优势，在隐身构型下，F-22 只能内埋携带 6 枚中距空空导弹和 2 枚近距空空导弹。

弥补弹药携带量不足的措施是携带外挂弹药。但这将会使 F-22 丧失其在空战中的关键优势——隐身性能。从理论上讲，采用携带外挂弹药方法，F-22 将会有更多的弹药与敌人交战，然而隐身性能的丧失，却会降低 F-22 有效使用弹药的可能性。

通过分析可以发现，有两个关键前提决定着 F-22 的性能表现：

(1) F-22 在超视距交战中不会被敌方飞机锁定，因为面对对手的三代机，F-22 很难被其他飞机探测到。

(2) F-22 可以完美地协调超视距火力，从而使有限的战斗载荷发挥出最大的作战效果。

在携带外挂弹药的情况下，这些前提将不复存在。由于危险的雷达特征，F-22 将会在更大的距离上被发现。这样一来，其他飞机将在战术有效距离上探测到 F-22。这就意味着，携带外挂弹药的 F-22 很难毫发无损地与其他飞机进行交战，F-22 的诸多优势将被抵消。对 F-22 性能的研究表明，F-22 在隐身构型下，唯一遭受损失的可能是在进行视距交战的情况下。如果准备为 F-22 配置外挂武器，那就必须考虑其在超视距交战中遭受损失的可能性。

如果 F-22 必须通过各种机动动作来规避来袭的超视距导弹，那么其作战效能必然下降。作战效能并不需要发生大幅度的下降就可以证明加装外挂武器实际上不是理想的方案，并且还会导致制空作战效能的降低。

在兰德公司的《F-22 作战使用研究》报告中，给出了一个交战实例。6 架挂载 10 枚空空导弹(而不是 6 枚)的 F-22 迎战 2 个团的苏-27 战机。不再考虑前面使用的两个关键前提，而是认为每一架 F-22 都能够被探测到。假设 F-22 因拥有高超的动力性能和电子设备，仍可以做到先敌攻击，未能首先开火的苏-27 战机就可以对其进行还击。如果蓝方(F-22)导弹的命中概率是 0.6，红方苏-27 导弹的命中概率是 0.1，在超视距交战阶段，6 架 F-22 中仅有 2 架得以幸存(预计 12.5 架苏-27 战机将被击落，9 架飞机因规避导弹攻击而被迫脱离战场，26 架飞机得以继续进行超视距交战或对其他目标发动攻击)。对于幸存的 F-22 而言，继续进行视距交战只能是自取灭亡，为此应谨慎脱离战斗。

交战实例描述的是一种最大程度舍弃 F-22 隐身性能的极端情况，并且对 F-22 面临的形势的设想，可能比预期更加糟糕。然而，即使是部分或者轻度舍弃其中的任何一项性能，都将会使外挂武器成为一种不具建设性的方案。

2. F-22 协同攻击方式为远距火力支援提供了可能

如果将 F-22 优越的动力性能、APG-81 机载雷达的优异探测性能、空中预警机及其他支援性 ISR 飞机提供的优势态势感知能力相结合，则可以获得一个在隐身构型和配备外挂武器之间的折中方案。演习经验证明，F-22 可以提高传统的老式战斗机的效能。

理查德·刘易斯少将曾就 F-22 在"北部边界"演习中的性能表现发表以下言论：当在战场上处于数量上的劣势时，F-22 有助于增强 F-18 和 F-15 的性能表现。这两种飞机将可拥有更好的战场态势感知，并能够更有效地运用自身武器来攻击对手，因为仅使用 F-22 携带的武器不可能击落对手的所有飞机。这也需要使用 F-18 和 F-15 所挂载的武器。F-22 在将所有飞机所具备的能力整合为一体方面做得非常成功。

一部分执行空中巡逻任务的 F-22(也可以是 F-15)将配备外挂空空导弹，以使接战目标数量最大化。这些飞机需要保持在相对敌方威胁较远的阵位上，因为其被发现的可能性相对较大。其他进行空中巡逻的 F-22 将保持隐身状态，只携带内埋挂载武器。相对来说这些飞机更不容易被发现，因而可以在更靠近敌方威胁的空域空里实施作战。这些隐身的 F-22 可以发现并跟踪敌方目标，并将情报传输给携带外挂武器的飞机。鉴于 F-22 的优越性能，携带外挂弹药的飞机可保持相对于目标的动力优势，因而能够在更远的距离上进行交战。一旦这些战斗机的弹药消耗殆尽，此前作为"观察员"使用的 F-22 也可投入交战。

在每次战斗巡逻中，将有 2 架 F-22 处于隐身状态，为其他遂行常态化战斗空中巡逻任务、配备有外挂空空导弹的 F-22 充当观察员和交战控制者的角色。采用这种执行任务方式，可增加交战目标数量，并确保有足够数量的隐身飞机能够用于完成此类任务而免遭击落。通过结合使用隐身和非隐身飞机，总的导弹携载量将由过去的 36 枚增加到 52 枚。

基于以上分析，兰德公司在《F-22 作战使用研究》报告中提出了"远距空中优势"概念，有的资料也称其为"远距空中支援"。

5.1.2　远距空中优势概念描述

兰德公司的报告认为，给部分或全部 F-22 加装外挂弹药能够增加攻击目标的数量。但是，这仍然没有解决在西太地区存在的根本性问题，特别是从中国反介入能力来看更是如此。或者说，西太地区不是美国战斗机能够轻易主宰的战区。遥远的距离以及缺乏足够的空军基地意味着只能采取不同的作战模式：必须更多地依赖敌方威胁之外的基地、作战半径更大的重型飞机。这表明，装备有远程攻击弹药的轰炸机可发挥更大作用，而战斗机或多用途飞机的作用则有所降低。但是，使用轰炸机的效果主要体现在地面上。对于应对未来的冲突而言，获取空中优势仍然是一个重要目标，实际上是一个必须达成的目标。

很显然，战斗机在西太地区仍有用武之地，但获取空中优势及保护关键设施所需的能力却不是战斗机单独能够满足的。西太地区的特殊地理条件，要求作战平台应具有较远的作战半径，并且较少需要空中加油。如果这种作战平台能够在每个飞行架次中比战斗机击落的飞机更多，那将是十分有利的。更强大火力的远程平台可极大地弥补在西太地区作战的战斗机的不足。

对此问题，兰德公司在报告中提出了一个简单的解决方案，依托协同作战方式，对轰炸机进行改装，使之能使用大量超视距空空导弹，形成一种远距离空中优势平台。同时，该方案需要采用打击距离更远的新型空空导弹，以及确保导弹能够远距离攻击目标。

关于平台的选择，兰德公司认为，能携带足够数量的弹药载荷、具备大范围巡航能力的任何飞机都可用作远距离空中优势平台。兰德公司重点分析了 B-1 轰炸机，B-1 轰炸机飞行速度快，虽然不隐身，但在一定程度上降低雷达散射截面 RCS)(据说是 B-52 的 1/50)。B-2 也可能是一个有用的平台，不过 B-2 的相对优势是突破敌方防空，因而可能需要担负相应的任务。此外，B-2 轰炸机缺乏速度，难以躲开敌方战斗机的寻歼。鉴于以上原因，B-1 轰炸机是最有希望用于实现远距离空中优势设想的飞机。

波音公司积极响应了兰德公司的研究设想，提出了空中"武库机"B-1R 概念，并对方案进行了可行性评估。波音公司提出的 B-1R 飞机是一项全球打击方案，B-1R 将采用 F-22 的发动机，使其可达到 2 Ma 的飞行速度，并将升级电子设备，包括有源相控阵雷达(AESA)。空空作战不是 B-1R 的主要任务，这种飞机主要用于在敌对环境中遂行远程打击任务，但也具备通过实施空空作战来支持远程打击的能力。

在美国空军的武器清单中并没有可支持远距离空中优势理念、射程可到数百公里的导弹。但是，兰德公司认为，可以从俄罗斯的设计中获得灵感。俄罗斯研发了两种射程很远的导弹——Vympel R-37 和 Novator R-172("创新者" R-172)，据称其射程分别为 300 km 和 400 km。R-37 导弹在测试中的有效射程为 300 km，属于超视距范围。两种导弹都是为了攻击高价值目标：空中预警机、ISR 飞机以及加油机。两者都装有主动雷达导引头，并可将来自发射平台的制导信息融入其飞行路径。这些武器的存在证明，远程空空导弹是可行的。

兰德公司研究认为，远距离空中优势平台所装备的空空导弹的理想射程应为 420 km 左右，从而确保具有空中优势的 B-1 飞机能够在敌方战斗机的威胁范围之外与其交战。从探测角度来看，这个射程也是有利的。俄罗斯"侧卫"战机装备的最先进雷达是 Irbis-E。据称，Irbis-E 对 RCS 为 3 m^2 的目标的探测距离约为 300～340 km。B-1 的 RCS 可能在 1～2 m^2，因此，如果能在 480 km 以外发射导弹，B-1 将可处于 Irbis-E 雷达的探测距离以外。

借用或者改进现有导弹的设计，可能是开发新型远程空空导弹的最快、最省钱的办法。虽然美国不拥有足够射程的空空导弹，但某些地空导弹的设计方案却可以借鉴。

表 5.1 列出某些具有改进前景的地空导弹。

表 5.1　具有改进前景的地空导弹

武器	用　途	重量	射程
PAC-2	地空导弹	900 kg	140 km
SM-3	地空导弹	1340 kg	160 km
SM-6	战区弹道导弹防御、反卫		430 km

若将地空导弹改为空射型导弹，其射程要大得多。从地面发射的导弹是在不具备潜在能量或初始动能的情况下开始飞行的，必须通过燃烧自身携带的推进剂来获得速度和高度。空空导弹则是在一定高度上开始飞行的，在初始阶段便由处于运动状态的发射平台提供了一定的动能，此种差别非同小可。比较一下有效射程相同的两个系统的重量：PAC-2 和 AIM-120D。AIM-120D 的重量为 150 kg，而 PAC-2 的重量却达到了 900 kg。但是 AIM-120D 的有效射程却较大，达到 155 km，而 PAC-2 仅为 160 km。

通过以上对比可看出，当处于运动状态的飞机在一定高度发射时，PAC-2 的射程将远远超过作为地空导弹使用时的 160 km。

远程空空导弹的重量为 715～920 kg，平均值为 820 kg。B-1 轰炸机能够携带 22.5～33.75 吨的弹药，由此推算 B-1 轰炸机可携带的导弹数量如表 5.2 所示。

表 5.2　B-1 可能的携弹量

射程/km	预期重量/kg	载弹量/枚
370	613	44
460	766	36
555	920	30

对于闭合杀伤链，考虑在 B-1 轰炸机上安装火控雷达，或由其他飞机来对目标进行定位两种方案，后一种方法较为简单和经济。由于 F-22 战斗机具有联网协同能力，因而可由隐身的 F-22 为携带外挂弹药的战斗机提供目标定位方面的支持。

F-22 战斗机和 B-1 轰炸机协同作战概念如图 5.1 所示。

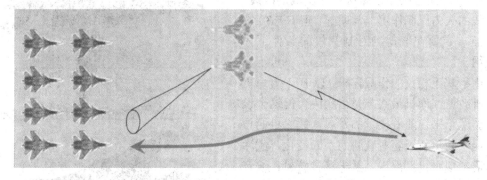

图 5.1　F-22 战斗机和 B-1 轰炸机协同作战概念

兰德公司的研究认为，基于配备远程空空导弹的 B-1 轰炸机的远距离空中优势的方案是可行的。远程导弹可从现有的地空导弹发展而来，也可通过把基于短程导弹的第二级系统与型号更大的第一级系统结合在一起而研发出新的导弹。

5.2 制空武库机概念解读

美国空军认为，在未来最有可能发生大规模空战的东欧或西太平洋地区，俄罗斯和中国空军的战斗机数量都将超过美国，中俄两国的四代机也将进一步抵消美军四代机的代差优势，这将使美军飞行员处于极其不利的地位。

5.2.1 制空武库机概念描述

基于与中俄高强度对抗的威胁，美国国防部战略能力办公室提出了一个空中武库机计划。该计划是将 B-52 轰炸机、B-1B 轰炸机或 C-130 运输机一类的老平台改装为各类常规有效载荷发射平台，与作为前方感知"节点"的 F-22、F-35 战斗机协同作战。B-1B 轰炸机巨大的内部弹舱和旋转挂架，使其可以轻易挂载数十枚远程空空导弹。兰德公司提出的"远距空中优势"概念正契合了这一计划的设想。而制空武库机 B-1R 概念则是波音公司积极响应兰德公司"远距空中优势"研究设想的产物。

实际上，空中武库机并非新概念，早在 20 世纪 70 年代，B-1 轰炸机项目研制期间，就有人设想过为其挂载射程 200 km 的 AIM-54"不死鸟"远程空空导弹，使其成为"大型空中截击机"。这一设想不论是从理论角度，还是技术层面，都具备较高的可行性。因为一枚"不死鸟"导弹重 0.4 吨，1 架 F-14 战斗机最多能挂载 6 枚。对于 B-1 轰炸机来说，挂载数十枚"不死鸟"导弹是轻而易举的事情。此外，由于机内空间更大，B-1 轰炸机能够搭载探测距离更远的大功率雷达，并安装更多的探测和瞄准设备，是理想的大型空空武器发射平台。

另一种形式的武库机是著名的 C-130 空中炮艇。C-130 空中炮艇是用 C-130 运输机改装的，用于打击地面目标，多次参加实战的武装，对前线的火力压制作用非常明显。但 C-130 空中炮艇一定要在取得绝对制空权的条件下才能使用。

由于缺乏相关的作战需求，以 B-1 轰炸机为基础改造武库机最终未付诸实际，但这个设想却传了下来。随着技术的发展，武库机的技术性能不断更新；随着威胁的不断变化，武库机的需求似乎再度浮现。基于这种背景，波音推出了最新的设想代号 B-1R，如图 5.2 所示。

在波音的设想中，B-1R 武库机将换装诺格公司的 AN/APG-83 SABR 有源相控阵雷达，该雷达可同时制导多枚远程导弹攻击多个目标，以及普惠公司为 F-22 战斗机研发的 F-119

图 5.2 B-1R 武库机效果图

大功率涡扇发动机。改造后，B-1R 武库机不仅具备较强的对空探测能力，而且最大平飞速度将达到 2.2 Ma(最大航程为此将降低 20%)，具备更快的巡航速度，能够以最快的速度到达战区，发射完导弹后也能以更快的速度脱离战场。B-1R 设置 3 个内置弹舱，还设置有外挂架。

与现有装备匹配，B-1R 的主武器从"不死鸟"升级到了 AIM-120D。虽然该导弹还在研制阶段，但雷神公司宣称，该导弹最大射程超过 200 km，最大特点是配备了"卫星双向数据链+GPS 卫星制导"系统，将成为第一种具备"他机制导"(本机发射导弹后迅速脱离，交由另一架战机或预警机负责制导)能力的空空导弹。

图 5.3 为 B-1R 武库机发射导弹模拟图。

图 5.3　B-1R 武库机发射导弹模拟图

性能强大的远程空空导弹 AIM-120D 总重仅为 152 kg，体积远小于"不死鸟"导弹。按照波音的改造方案，B-1B 的三个武器舱可携带 48 枚 AIM-120D。而 B-1R 仅使用集束式外挂架就能挂载 30 多枚 AIM-120D，如果再加上 3 个大型内置弹舱，总载弹量可能达到100 枚以上，是一架真正的"空中武库机"。

美国空军对空中武库机设想的作战模式是：首先，F-22 和 F-35 隐身战斗机利用自身的隐身优势在前方充当先导机角色，一旦发现敌方战机群，将利用机载数据链将目标数据传送给在后方飞行的武库机；然后，搭载有大量远程空空导弹的武库机将在先导机的引导和指挥下，从敌方战机群的射程外，对其进行饱和空对空打击，将敌机群彻底消灭，团灭敌手空中的战斗机群。

空中武库机的用途不仅局限于执行截击作战，挂载 MALD 空射诱饵或反辐射导弹后，可以执行防空压制干扰任务；挂载 LRASM 远程反舰导弹后，还可以执行海上反舰、反航母作战任务。

美国空军认为，B-1R 武库机可大幅提高美军的战略威慑能力。在未来与中俄的冲突中，B-1R 武库机借助准隐身性能、高达 2.2 倍声速的高速飞行能力、超长的续航能力、先进的电子系统等优势，以及近 60 吨的火力载重，将可抵消中国即将批量装备的歼-20 战斗机带来的威胁，以及中国日益改善的空战体系的优势。

5.2.2 对制空武库机概念的认识

武库机可以认为是美国针对中俄量身定制的装备概念，在未来的冲突中，在发挥 F-22 性能优势的基础上，以武库机形式可以解决 F-22 在隐身构型下携弹量不足的问题。

1. 制空武库机概念适应于特定的作战场景

美军提出的制空武库机概念是针对特定作战场景的。面对未来与中俄的高强度对抗，由于中俄装备有大量的三代机，而美国空军的隐身战斗机 F-22 数量不足，F-35 难以担当空战大任。虽然 F-22 在与中俄空军对抗时，具有性能优势，但由于 F-22 在隐身构型下，内埋携弹量不足，从而使其在与大量中俄大量四代机、三代机对抗时，不具备火力优势。

在中低强度的对抗中，美军的 F-22、F-35、F-15、F-16、F-18 足以应对，作战能力绰绰有余，在这种作战场景下，制空武库机并不是一项好的选择。虽然以 B-1 为基础发展制空武库机的方案早已提出，美国空军甚至还对 B-1B 的雷达进行了升级改造，使 B-1B 具备了独立的远距空战能力，但由于缺乏相应的作战需求，方案一直没有付诸实际。

随着威胁的变化，作战环境的变化，在与中俄对抗的高强度冲突中，美军感到 F-22 的数量不足，F-22 在隐身构型下携弹量不足，这两点不足威胁到了美军作战一直十分依赖的空中优势，尤其是在战场上的持续空中优势。因此，威胁变化的牵引、协同作战技术的成熟、需求的变化，使得制空武库机的概念再度呈现。

美军提出的制空武库机概念正是针对与中俄高强度对抗的特定作战场景设计的。世界上其他国家，要么没有隐身战机，要么不具备相应的战机规模数量，目前能满足这种特定作战场景的国家只有中国和俄罗斯。

因此，制空武库机概念的有效应用一定要考虑作战场景的制约。没有相应的作战场景，照搬美军的概念是存疑的。如 C-130 空中炮艇的作战使用，要在掌握绝对制空权的基础上实施；同时 C-130 空中炮艇以低空性能好、滞空时间、弹药携带量大的优势弥补了轰炸机战场适应性差、不能低空持续存在、对地攻击机滞空时间短、持续火力不足的缺陷。同样的例证还有美国的 ABL 反导飞机。由于激光武器技术性能的制约，要实现上升段反导就需要 ABL 飞机抵近敌发射区实施拦截作战行动，而这也需要绝对制空权的保障。ABL 项目的停止，除了技术原因外，作战场景的制约是最根本的原因。

2. 技术的进步为实现制空武库机概念提供了可能

传统上，战斗机专长于空战，轰炸机专长于对地攻击，两者并无交集。随着技术的进步，这一不可能的交集出现了。

近距空战曾是空战的最基本样式，近距空战在相当程度上比拼的是战机的机动性，即使第四代战斗机，"超机动"仍是一条硬指标。但是随着感知技术的发展、导弹性能的提升、隐身技术的应用，高速和机动性的战术价值呈现下降的趋势，大型飞机的空战杀伤力有可能与传统强调速度和机动性的战斗机相匹敌，甚至更优越。

一个空中平台的空战性能可以分为两部分，一是中距空战能力，也称为超视距空战能力；二是近距格斗能力，也称为视距内空战能力。在机载武器、火控系统较为先进的条件下，或在信息保障条件较好的情况下，超视距空战具有先敌发现、先敌发射的优点，从而提高了进攻飞机的空战优势。超视距空战与飞机的机动性能关系不大，其能力主要由超视距空战武器和航电系统的性能决定，而这正是大型空战平台的优势。

B-1B 在 2006 年完成了 BLOCK E 传统任务升级计划(CMUP)，升级了其 AN/APQ-164 雷达，使 AN/APQ-164 雷达具备了交错搜索与跟踪(ILST)能力，该模式类似于 F-16 雷达的对空态势探测模式(SAM)，F-22 的雷达也具有这种功能。利用此功能，B-1B 可最多扫描搜索 64 个目标，跟踪其中 1 个目标，并具备支持发射 AIM-120 空空导弹的能力。但是单靠轰炸机独立实施空战任务似乎有点不靠谱，且当时的美军也没有这种需求。

协同作战能力的提升，F-22 执行高强度对抗作战任务面临的问题，为制空武库机的复活带来了机遇，从而产生了"远距空中优势"的作战概念。在"空中分布式作战"概念的框架内，制空武库机的概念有可能成为现实。

3. 制空武库机作战样式

制空武库机的作战样式有两种，第一种是依托自身的传感器和武器，独立作战，自行闭合杀伤链；第二种是协同作战，担负为前出的 F-22 隐身战机远程提供火力支援的任务，解决 F-22 弹药不足的问题，由 F-22 闭合杀伤链。

在低强度作战场景下，第一种作战样式可能具有现实意义。在中高强度作战场景下，第一种作战样式面临着很大的风险。

第二种作战样式在中等对抗强度的作战中可能具有现实意义，在高对抗强度的作战中是否可行还需深入探讨。

远距空空导弹如何闭合杀伤链式是需要认真考虑的问题。此外，俄军装备有远距空空导弹，制空武库机在高对抗强度战场上的生存性也堪忧。

5.3　制空武库机概念适应性分析

制空武库机概念对我军是否有效适用？研究认为，制空武库机概念的适应性与否，关键取决于对隐身空战内在规律的认识。

隐身性能是新一代战机必须具有的基本性能。四代机跨入了隐身作战的门槛，四代机对三代机的空战实现了单向透明的隐身空战，而五代机对四代机、五代机对五代机的空战将会全面进入隐身空战时代。

目前，因此世界上还没有发生过真正的隐身空战，在真实战场上，只在叙利亚发生过美军隐身飞机与俄军非隐身飞机之间的遭遇，战场就隐身飞机而言是单向透明的。隐身飞机与隐身飞机之间的对抗，可能只在美军的红旗军演中出现过。因此，对隐身空战内在规律的认识目前可能只有美国人清楚，因为之前只有美国人装备有现役的隐身飞机，并在实战中运用过。从美国人公布的下一代战斗机图像看，对隐身性能追求似乎更高，在机动性和隐身之间，美国人认为隐身的重要性度更高。这是否反映了美国人对未来隐身空战内在规律的认识。

5.3.1　隐身空战内在规律的初步认识

前期，我方对隐身飞机的作战使用问题进行了较为深入研究。F-22 制空作战主要有"制空于地"、"主动寻歼"和"混合诱歼"三种典型作战模式。F-22 是针对三代机设计的，因此，F-22 这三种典型作战模式均是在对手没有隐身飞机条件下设计的。面对非隐身飞机，战场对 F-22 单向透明，F-22 具有夺取并掌握制空权的绝对优势。

随着歼-20 和苏-57 的出现，空战真正进入了隐身空战时代。隐身空战到底怎么打？隐身飞机与隐身飞机之间的隐身空战与隐身飞机与非隐身飞机之间的不对称空战是否存在差异？差异体现在哪些方面？差异有多大？回答这些问题既没有相应的战例可供分析，也缺乏深入的理论研究。这个问题对我方是新问题，同样，对于美国人和俄罗斯人也是新问题。因此从某种意义上讲，所有国家对于隐身空战的研究都处于同一起跑线。

一般情况下，夺取制空权需要满足三个基本条件：

(1) 优越的平台：高度+速度+机动性。

(2) 强大的火力：机载电子系统(雷达+ECM+IFDL)+导弹。

(3) 完善的体系：地面/预警机引导+电子战飞机。

前两个条件的作用依赖于第三个条件的有效性。第三个条件的作用是，从体系视野为作为作战节点的空中作战平台提供明晰的空中态势，并以电子支援手段为空中态势向有利于己方的方向倾斜提供权重很高的砝码。从几次局部战争的实例看，在空中平台性能基本相当的情况下，美国和以色列利用绝对优势的体系支援能力，对对手(南联盟、中东国家)形成了压倒性的空中优势，牢牢掌握着战场的制空权。

以上三个基本条件正是现代空中作战体系的基本构成，也简要描绘了基于非隐身飞机空中作战的基本样式。即基于非隐身飞机的防空作战，以具有体系可视能力的地面/预警机引导为总揽，引导己方飞机超视距发现和攻击对手；空中打击作战则以强大的电子压制为序幕，大幅压缩敌方对空域的可视能力，保证己方飞机的生存性和突防能力。

而对于隐身空战，以上三个基本条件发生了巨大变化，平台增加了隐身，火力增加了射频管控(你看不到我，我看你/攻击你时你感觉不到)，体系则难以提供有效支援(地面看不到，预警机生存性堪忧)。隐身飞机的出现引发了空中作战样式、作战体系和作战观念的巨大变革。

通过对隐身空战的初步研究认识到，隐身特性对杀伤链各环节和作战过程的影响与非隐身特性存在明显差异，这种差异使得隐身空战具有明显的阶段性，阶段之间态势的转化具有阶跃性，中距区的态势变化最剧烈，危险程度最高。

空中非隐身作战的博弈状态像是下象棋，双方对战场态势的掌握相对明确。而空中隐身作战的博弈状态更像是下围棋，双方对战场态势的掌握存在很大的不确定性，并且具有明显的阶段性博弈的特征，远距区重在总体布局，中距区重在使平衡状态向有利于己方转化，近距区重在"先手"收官。

依据已有的研究成果，目前对隐身空战内在规律的认识主要有以下三种：

1. 认识一：两不相遇

两不相遇即认为隐身空战发生的概率极低。由于双方均隐身，地面预警系统难以发现，面对隐身飞机的威胁，预警机难以升空作战，无法为空中的隐身战斗机提供引导，隐身飞机自主搜索不现实，因此隐身飞机在空中遭遇的可能性较低。

在隐身空战条件下，战场范围越来越大，而战斗范围却可能越来越小。随着反隐身技术的发展，这种情况会逐步变化，隐身空战最终可能返回原有的非隐身空战的模式，只不过是螺旋式上升的、高一个层次的非隐身空战。

2. 认识二：越打越远

这里的远近不是指绝对距离，而是指视距外和视距内。

随着作战飞机隐身能力、感知能力和超视距攻击能力的提升，作战双方都希望在中远距解决问题，而不是进入难缠的近距格斗，尤其是优势一方。从美国人的下一代战斗机方案看，其更关注隐身性能，对于机动能力的关注似乎不足，这是否反映了美国认为隐身空战会越打越远？这一点也只有美国人有实践验证的条件。但在其方案中又采用了激光武器，在目前可看到的技术支撑下，激光武器的作用距离还十分有限，这似乎有点矛盾，不好解释。

空战的目的是夺取和保持制空权，而对于夺取和保持制空权这一任务而言，空战只是其中的一项子任务，是主要手段之一，而不是唯一手段。如果未来的隐身空战越打越远，则对作战平台机动性的要求会显著下降，视距外空战的关键是态势感知，机动性不重要；视距内空战机动性的重要度增加。因此，可以不用战斗机实施空战来夺取制空权，有许多其他可替代、效能更高的手段，如制空武库机。制空武库机可以携带更多的弹药，装备性能更好、功率更强、孔径更大的传感器，在这种条件下，制空武库机的远距空战能力绝对优于机动性更好的战斗机。

但是这里存在一种悖论，如果仅依靠隐身性能和信息化就能成为最优秀的战斗机，那么，当代最优秀的战斗机应该是 B-2。

如果未来隐身空战以远距空战为主，则飞行平台对战场的感知能力和武器的射程将起决定性的作用，平台机动性的权重会大幅下降，这也是在下一代作战飞机发展中需要重点考虑的问题。

3. 认识三：越打越近

在近距空战中，机会是均等的，隐身性能的优劣已没有太大差异，这也是苏-35 采用各种手段争取与 F-22 打近距的原因。

近距空战对机动性和敏捷性的要求很高，但如果激光武器能在下一代战斗机上使用，则近距空战的模式将被颠覆。机动性的好坏在激光武器的"闪杀伤"面前没有差别。

随着战斗机隐身性能和电子战能力的提升，隐身飞机之间发生近距格斗的可能性大大增加。从隐身飞机纸面的性能数据看，双方想在中远距离解决战斗都不太可能。中远距离空战制胜，只能发生在实力相差很大的对手之间。加之，空空导弹射程的提高，使得在空战中全身而退成为一个难题。在以航炮、早期空空导弹为空战武器的年代，双方拉开一定距离，或采用急剧转弯下滑就可以脱离战斗。面对现在的空空导弹，双方拉开十几、二十几千米甚至更远的距离，依然没有摆脱被攻击的危险。面对步步紧逼、死缠烂打的对手，己方必须返身应战，进入近距。

5.3.2　隐身空战内在规律的影响因素分析

通过前期对隐身作战的研究，空中隐身作战与空中非隐身作战产生明显差异的主要原因是：机载雷达的探测能力与导弹的攻击能力不匹配。空中隐身作战的关键在于突破中距。中距区是空中隐身作战与空中非隐身作战差异最明显的区域，也是空中隐身作战态势变化最剧烈的区域，危险程度最高。依据研究认识，我方提出了隐身空战 "关键 20 秒"的概念，如图 5.4 所示。

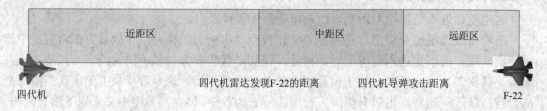

图 5.4 隐身空战"关键 20 秒"概念

空中隐身作战态势的变化存在一个拐点，在拐点附近作战态势会发生阶跃性突变，拐点的位置主要由雷达发现距离决定。

空中隐身作战先打破平衡态势示意图如图 5.5 所示。

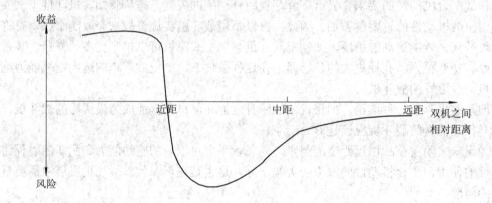

图 5.5 空中隐身作战先打破平衡态势示意图

提高态势感知能力、提升电子对抗能力、完善告警和对抗数据均对减小作战风险、提升作战收益有很大帮助。

通过研究，对未来空战样式认识的影响因素可以分为四个方面：

(1) 战略层面的因素。我国的战场地缘态势是"依陆向海"，美国的战场地缘态势是"依海向陆"。这一层面因素影响最大的方面是对体系支援程度的影响。

(2) 体系信息支援因素。有无来自外部的体系信息支援，对于隐身/反隐身作战的影响十分显著，尤其是反隐身作战。若双方均没有外部信息支援，则"两不相遇"的作战样式概率最高。

(3) 战术行动的因素。基于进攻？还是基于防御？若基于进攻行动，则作战空间和时间均较为明确；但若基于防御行动，则作战空间和作战时间均要大于进攻行动。通俗地说，基于进攻行动，知道在什么时间、什么地方执行任务；但若基于防御行动，则需要在所有的时间内满世界寻找目标。若用空间和时间的乘积描述，则防御行动的空间时间积要远大于进攻行动的空间时间积。因此，在这一因素上，若仍沿用国土防空思维，以拦截对方的隐身飞机为主要作战目标，则我们处于劣势。

(4) 飞机本身的因素。即飞机本身隐身能力和探测能力，若一方在隐身和探测能力上占绝对优势，则优势方会希望越打越远；若双方在隐身和探测能力上基本相同，则会越打越近。

从以上粗略分析可看出，未来隐身空战的样式与多种因素相关，受多种因素的影响。对不同影响因素、不同作战场景的综合考虑会导致不同的设计思想。这实际上就是设计战争。

未来作战究竟是什么样，我们永远不可能做到一清二楚。对于未来装备的发展我们可能可以看清方向，但很难看清形态。正如一位美国空军少将阿列克斯·格林科维奇(F-16和 F-22 飞行员)在其文章"2030：看不清的未来"中所述："看起来问题似乎难以解决。防区外武器平台和消耗型平台都无法有效夺取空中优势，我们唯一具备胜算能力的平台在成本和时间都显得不那么现实。

综上所述，对隐身空战内在规律的认识决定着制空武库机在战场上的适用性，在强对抗的作战环境中，面对敌方大量的三代机，隐身飞机具有远距作战优势，但内埋弹药不足，在这种条件下，制空武库机有其用武之地。

5.4　制空武库机概念的制约因素

任何概念都有应用的条件，存在相应的制约因素。

1. 杀伤链如何闭合

对空中目标进行远程攻击，远距空空导弹如何闭合杀伤力链是需要深入研究的问题。在远大于不可逃逸攻击区的距离上发射空空导弹，对手在告警的支持下，是很容易摆脱和应对的，远程攻击的作战效能可能十分低下。虽然地空导弹的射程可以达到了数百千米，但实际上真正有意义的杀伤范围在 60 km 左右，其主要制约因素就是杀伤链的闭合问题，尤其是在射击高机动目标时，目标的机动脱离、电子干扰、地空导弹的制导精度等制约因素，都使远程攻击的杀伤链闭合存在很大困难，攻击效能很低。

2. 远程攻击空中目标的效能较低

制空武库机在 F-22 的引导下，会对作战对手的空中作战飞机构成很大威胁，但从技术原理和作战使用角度看，使用空空导弹实施远距攻击的作战效能可能十分低下，尽管有 F-22 的前置制导修正。相比地空导弹而言，空空导弹的杀伤概率较为低下，主要影响因素是，空中作战处于"三动"状态(载机动、目标动、导弹动)，地空导弹作战处于"二动一静"状态(目标动、导弹动、制导站静)。地空导弹地面制导站和导弹导引头的功率要远大于机载雷达的功率，性能和功能要远高于机载雷达和空空导弹。即使如此，地空导弹对远程目标射击的效能仍然十分低下。因此，如何保证空空导弹射击远程目标的效能是需要深入研究的问题。这是直接决定作战成本和作战效率的问题。

3. 制空武库机在强对抗战场中的生存性堪忧

B-1R 制空武库机虽然具有准隐身性能和超声速飞行能力，但其究竟不是隐身飞机，也不是战斗机。俄军装备有射程在 300～400 km 的远程空空导弹，即将装备隐身飞机苏-57，因此在高对抗强度的战场上，B-1R 制空武库机的生存性堪忧。这一点与预警机在隐身飞机威胁下，难以升空执行作战任务的状况类似。即使对手没有击落 B-1R，而 B-1R 在对手的威胁下，四处躲避，高速逃逸，自顾不暇，何谈对 F-22 的远距火力支援。

作战的首要目标是保护自己，其次才是消灭敌人，这一点美军是很清楚，也是十分重视的。美军作战一般不会冒很大风险实施作战行动，这种问题美军一定考虑过，但如何解决未见相关报道。

第 6 章　OODA 2.0

OODA 循环是美国空军上校约翰·博伊德提出的，他将作战划分为"观察(O)—判断(O)—决策(D)—行动(A)"等 4 个环节，作战过程即作战实体循环(OODA)环的过程。OODA 作战环对美军战斗机的发展和空战战术的研究起到了难以估量的作用。

6.1　OODA 1.0 作战环概念解析

根据博伊德的思想，OODA 循环的具体含义如下：

(1) "O"，Observe，观察，就是运用传感设备和网络进行情报收集，包括预警探测的信息、目标位置信息、目标状态信息等。

(2) "O"，Orient，判断，就是对收集的情报进行分析，判明情报的真伪，研判当前的态势。

(3) "D"，Decide，决策，即基于情况判断定下决心，制订行动计划和任务方案。

(4) "A"，Act，行动，即根据做出的决策和制订的行动计划采取相应的动作行为。

通过 OODA 环，可以将各种作战力量按照"观察—判断—决策—行动"的作战流程进行整合，形成完整的作战体系回路。

作战的过程，归结为加快己方 OODA 作战环的闭合速度，抵制敌方打击链的形成，迫使敌方的 OODA 作战环陷入死循环。

以电子侦察无人机与反辐射无人机组成的异构无人机集群的 OODA 作战环为例，其 OODA 作战环模型如图 6.1 所示。

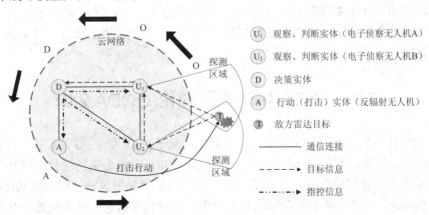

图 6.1　无人机集群 OODA 环模型

(1) 观察。电子侦察无人机装载电子对抗侦察系统，指挥机构通过云网络向电子侦察无人机发送持续侦察指令，实时控制电子侦察无人机完成对指定区域雷达目标的普查、详查和目标锁定。

(2) 判断。电子侦察无人机持续侦察监视指定区域雷达目标，将获取的电子情报进行信息融合和目标识别，获取目标类型、数量等信息，并实时向指挥机构反馈作战信息，更新雷达目标类型、数量等情报。

(3) 决策。指挥机构融合电子侦察无人机获取的雷达目标类型、数量等信息，修订完善优化作战计划。必要时可授权电子侦察无人机直接生成作战决策。

(4) 行动。反辐射无人机实施作战计划，在作战过程中向电子侦察无人机和指挥机构反馈作战任务完成情况。

6.2 "能量机动性"理论

博伊德是能量机动性理论的创始人。能量机动性理论提供了一种理解飞机高度与动能能量(位置和速度)之间关系、定义飞机机动性的方法。博伊德宣称，在模拟空战中，利用能量机动性原理，他能在 40 秒内从初始不利位置击败任何敌人。博伊德在其创建的能量机动性理论中，提出了战机可用能量等于生命的概念。

博伊德提出的能量机动性理论影响了整个第三代战斗机的设计方向，典型的第三代战斗机，如美制 F-15 系列、F-16 系列、F/A-18 系列、中国歼-10 系列等都是完全按照或参考能量机动性理论设计的。

博伊德认为，在空战中，一定要让飞机占有相对有利的位置，一定要获得更多的能量，应以最快的速度释放和获得能量。战斗机必须能够发现并利用好的战斗机会，这种机会转瞬即逝，而一旦利用好，就能给对手强有力的打击。战斗机必须能够比对手更快地改变自身的速度、方向、高度，由此来改变战斗的节奏，这样才能赢得优势。

博伊德给出的能量机动空战公式为：战斗机单位剩余功率=(推力−阻力)×速度/重量。单位剩余功率越大，表明战机的机动性越强，在空战格斗中的胜算也就越大。

在博伊德能量机动理论的影响下，战斗机的设计十分关注机动性，即使隐身的第四代战斗机，超机动仍是其 4S(超隐身、超机动、超声速巡航、超信息感知)技术特征之一。

能量机动理论是 OODA 1.0 理论时代战斗机发展和战术使用的核心，也是第一时代空战模式的精髓。

6.3 "信息机动性"理论(OODA 2.0)

博伊德提出 OODA 循环及能量机动性理论，启发了 F-16 和 F-15 的设计。随着信息技术、隐身技术的发展，当代战斗机作战已不再是速度与机动性为王的时代。洛马公司的舒克以及空军研究实验室的布拉什提出了一种新的战斗机优势理论——信息优势(IP)和信息机动性(IM)理论。该理论的重点在于比敌人更快速获得有用信息，并更快速地利用这些信息。与博伊德的能量机动性(EM)理论启发设计的 F-16、F-15 战机相比，信息机动性理论解释了 F-35 战机如何通过信息作战域取得模拟战演习的优势。

2017 年，在红旗军演中，模拟了 13 架 F-35A 战机对抗最先进的三代战机，作战效能远超预期，交换比高达 20∶1。F-35A 的性能优势改变了美军对 F-35 运用方式的理解。F-35 是一种高带宽、联网、高能传感器/武器、低可探测平台，具有相对其他类型飞机的信息领域优势，如果能维持信息机动性优势，将赢得对抗敌人的信息格斗。这一原理也适用于电磁机动战及网络战等领域。《航空航天力量》杂志中的文章指出，三代机的速度和能量等于生命与生存能力，而对四代机而言，信息就是生命(OODA Loop 2.0: Information, Not Agility, Is Life)。由此，产生了 OODA 2.0 版对信息机动性的认识。

在当代战争中，信息作战域的机动性比有形的物理作战域的机动性更重要。空战格斗已经被超视距瞄准和攻击所取代。信息机动性没有利用位置、推力、升力、速度及其他物理参数，而是利用了来自通信理论的参数，包括通信信道容量、信息熵、(单位时间)信息发送量，以及信息传递速度，创造出与博伊德具体能量公式类似的"信息优势"量度。飞行员可以通过与敌人对比，判断自己是拥有更强还是更弱的信息优势。虽然信息机动性理论公式是可解释的，但相关原理仍需进行仿真模拟，怎么落地还需进一步研究。

6.4　对"信息机动性"理论的认识

目前，信息机动性理论还是停留在纸面上的一种理论，理论可解释，但如何落地具体应用还需要深入探讨。如何对理论进行分解，分解到技术和装备层面，以便于工程层面的操作，还需要进一步的深化思考。

1. 双"O"博弈

信息机动性理论的发展有可能大幅改变遵循 OODA 作战环的空中作战过程。

在信息化条件下，在人工智能迅猛发展的推动下，空战模式已进入了信息化+智能化时代，空战 OODA 循环变成了 OODA 里面双"O"的博弈。在机械化+信息化时代的空战模式中，看谁能率先完成 OODA 循环；而在信息化+智能化时代的空战模式中，则转变为"OO"的博弈，看谁能率先快速完成自己的"OO"，马上付诸行动。当作战双方中一方的 OODA 环的速度显著快于对手时，可能使对手 OODA 环陷入"OO"死循环，难以决策，更不要说行动了。

从最新的资料看，美国对新一代飞机设计的权衡因素进行了更为深入的研究，获得了新的认识，在理念上出现了一些变化。如对未来作战环境的认识发生了变化、从关注交战到关注发现/锁定的变化、从关注格斗到关注数据库的变化、从关注平台机动性到关注导弹机动性的变化。研究认为，随着武器传感器性能的提升，平台性能的重要性在逐步下降；从关注隐身到关注高超/集群的变化；从关注 OODA 环到关注 OODA 点的变化，自主决策变得更为重要。

美国人对 OODA 的关注从环到点的变化，说明美国已认识到了在信息化+智能化时代，空战 OODA 循环变成了 OODA 里面双"O"的博弈。

从技术和装备的发展趋势看，速度与机动性为王的时代正在逐渐过去，信息取代机动性成为空战、电磁战和网络战的生命线。这就有信息优势，信息的容量、信息的包含量、信息的速度，这些将是决定未来战争胜负最重要的力量。美国人把这些内容嫁接到 OODA 环中，形成 OODA 2.0 版本，这是一个重要的发展方向。

在 OODA 1.0 版本中，作战双方总是采用各种手段破坏对方的"OO"，使对方无法有效闭合 OODA 环。在既有的空袭模式中，进攻方首要的火力打击和电磁压制目标是对方的探测平台，即破坏对方的第一个"O"。在加快己方 OODA 循环的基础上，破坏对方的 OODA 循环。

既有空中作战 OODA 环示意图如图 6.2 所示。

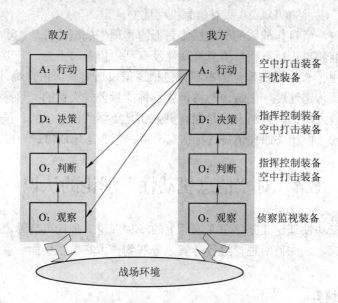

图 6.2　既有空中作战 OODA 环示意图

在 OODA 2.0 版本中，可以不对作战对手的 OODA 环实施有形的打击和电磁压制，依靠人工智能技术的助力，大幅提升信息的机动性，快速完成己方的 OODA 循环，在作战对手尚未完成自己的 OODA 循环的条件下，即实施新的作战动作，从而迫使作战对手重新开始"OO"。周而复始，始终使作战对手处于"OO"阶段的死循环。

2. 人工智能的作用凸现

战斗机取胜不是取决于飞行员动作的快速，而是大脑反应、思考的快慢。如果人工智能能够帮助人、替代人反应和思考，那就可以大幅加快 OODA 循环的速度。"阿尔法 AI"空战系统和人类飞行员相比，在空中格斗中快速协调战术计划的速度快了 250 倍。在处理程序化任务、模型化任务中，机器的反应要远快于人类。

在中远距空战中，决策的结构化程度较高，对于决策结构化程度较高的中远距空战任务，人工智能是完全可以胜任的，且其作战效能一定优于有人机。而对于结构化程度较低的近距空战，人工智能是否胜任，还不得而知。此外，若飞行员不按战术规矩行动，会出现什么情况？由于机器的 OODA 环要远快于人类飞行员，若飞行员按照规则行动，则你想干什么，机器早已想到，机器的反应肯定比人快、比人准确，机器会做出让你最难受的反应。

但是，能按既定模型去做的事是自动化，而不是智能化，只不过比传统自动化所面对的解决方案在数量上要大得多，在内容上要复杂得多，在决策速度上要快得多。目前人工智能所能解决的问题均是符合某种逻辑规则的，但战争没有自己的逻辑。设计者在设计智能化装备时，不可能将未来所有可能出现的情况都想清楚，都遍历到，机器遇到新情况需要依据知识、经验进行自主决策，其决策结果靠谱吗？设计者没有想到的问题，机器可能自己想吗？这一点我们没有想清楚。是否在智能化基础上，规则成熟后，即可转为自动化？

不管存在什么样的问题，智能化对未来装备的发展和作战使用的作用是不容置疑的，是必定的。对于智能化战争这种新的战争形态，可能机器已经准备好了，可是人类还没有准备好，目前的很多认识还较为肤浅。

3. 超敏捷能力概念

在五代机概念研究中，我们提出了五代机 6 项典型能力特征，"超敏捷"是其中之一。

通过隐身作战研究，在对抗双方均具有较好隐身性能的基础上，近距空战的可能性大幅提升。近距空战是隐身战斗机之间在隐身性能相当的条件下，充分发挥其敏捷性、显示其火控和武器性能的空中作战。由于非隐身飞机的隐身性能与隐身战斗机相比存在较大差距，即使非隐身飞机具有较好的火控和武器性能，也很难接近到与隐身战斗机进行近距空战的距离。因此，基本不会出现非隐身飞机与隐身战斗机进行近距空战的情况。而隐身飞机与隐身飞机之间，在隐身性能相当和体系支持相当的条件下，出现近距空战的概率大增。

超敏捷能力概念包括三方面的需求，一是攻击的敏捷性，即快速灵活的全向攻击能力；二是超声速巡航，即快速进出战场的能力；三是直接力机动，提供瞬间横向或纵向漂移能力，形成高效的导弹规避能力。这里提出的超敏捷能力概念不仅仅局限于平台本身的敏捷性，而是将平台的敏捷性与火控和武器的敏捷性结合起来的更高层次的综合敏捷性。

因此，信息机动性理论的实质是如何快速有效获得、处理、利用信息。获得是传感器性能和作战使用的问题，也是体系支援的问题，主要是硬件问题；处理是平台计算机的问题，从根本上说，也可以认为是芯片和算法的问题，主要是硬件和软件问题；利用则是决策的问题，是对敌我双方的任务目的、装备性能、战术运用、体系支撑等因素的综合考虑，主要是思维和软件问题。在复杂的战场环境中，如何快速、有效地"获得"需要的态势信息，在海量的信息中如何快速辨识出有效的信息，如何依据对战场态势的判断、依据作战规则快速做出正确的决策，是需要深入研究的问题。

快速发展的人工智能技术将为实现"信息机动"提供有力的工具。自主技术、认知电子战、认知雷达、自适应雷达、行为学习自适应电子战等项目的研究，将会大力推进"信息机动性"的发展，为颠覆既有的作战模式提供动力。

在机械化时代，机动能力强的军队，在战场上具有绝对优势，就能打胜仗。在信息化时代，信息流是依托现代通信网络和人工智能的信息机动能力，和历史的规律一样，谁能快速获得、理解、运用信息，谁就能赢。这是战争的规律，是规律就没有人能抗拒。

要真正使信息在战场上"机动"起来，除技术领域的发展外，还要在思维层面、人工智能技术领域、作战方式研究等方面做大量艰苦细致深入的研究工作。

4. 信息机动并不能取代能量机动

片面强调信息机动的优势而忽略能量机动是不可取的。应该认为信息机动理论是在能量机动上的升级，要有效实现空中作战的信息机动，必须以平台的能量机动为基础。优异的平台性能是实现信息机动，并有效运用信息机动的保障。尤其是对于多样化综合平台而言。

平台的信息能力再强，落实到执行层面仍需要平台的能量机动能力。

信息机动的内涵应该是信息的快速获得、交互和应用。信息的获得主要取决于传感器性能、数量、部署和体系架构等要素，信息的交互主要取决于通信网络、交互协议、网络的健壮性等要素，信息的应用则主要取决于数据处理、人工智能、作战规则等要素。这些内容即涉及技术层面的问题，也涉及理论层面的问题，还涉及军事应用领域的问题，几者的融合程度很深，综合程度很高，需要多学科知识的运用和多领域专家的参加，多领域的合力推进才会产生颠覆未来空战模式的效果。

第7章　混合战争

美军认为，其正面临由常规军事能力、非常规军事能力、恐怖袭击以及犯罪活动交织而成的混合威胁，按照传统或非传统、正规或非正规、高强度或低强度的标准来区分威胁已经无法体现安全环境的复杂性。同时，未来战争也不再是单一模式，而是多种模式的结合，是传统战争和非常规战争的混合体。通过分析和比较"第四代战争"理论、"复合战争"理论和"超限战"理论，美军提出并发展了"混合战争"的概念，并使其逐渐成为美军应对多元化安全威胁的战略指导思想。

习近平主席指出："世界形势正在发生冷战结束以来最为深刻复杂的变化，我国安全和发展形势更趋复杂，各种可以预料和难以预料的风险挑战将会增多。借鉴外军"混合战争"的理论和实践成果，对我军筹谋应对多元化的安全威胁不无裨益。

7.1　"混合战争"概念解析

7.1.1　"混合战争"概念的提出

"混合战争"是指在同一战场空间，所有参战部队同时遂行多种作战样式的一种战争形态。"混合"主要体现在两个方面：一是作战力量高度一体化，包括物质、心理、战斗与非战斗力量；二是作战样式高度融合，包括传统战争、非正规战、反恐怖袭击和反武装暴乱等各种作战样式。

"混合战争"思想是在美军2005年的《国家防务战略报告》中率先提出的，该战略报告强调在确保美国常规军事力量优势的同时增强美军的非常规作战能力，指出："未来，最有实力的对手可能会将破坏性能力与传统、非常规和灾难性作战样式结合使用。"

2007年12月，美军事专家富兰克·霍夫曼在《21世纪冲突：混合战争的兴起》一书中系统论述了"混合战争"理论，并逐步赢得美军高层的青睐。

2010年2月，美国国防部对外公布了《四年防务评估报告》，该报告指出美军要面对的是高科技支持下的多形式战争，面临的多种威胁要求美军适应不断变化的安全环境。报告内容采纳了"混合战争"理论一些观点，显示出美军更趋于务实的战争理念，也显示出"混合战争"理论被美军高层接受，成为美国国防筹划中非常重要的一个因素。

7.1.2　"混合战争"理论的实质

"混合战争"理论的实质主要体现在作战样式、作战力量、作战空间三个方面。

1. 作战样式的混合

美军认为，由于其在常规军事能力方面占有明显优势，未来作战中，对手不会选择与其正面对抗，而是选择运用多种作战方法和手段。主权国家在继续加强常规作战能力的同时，正大力发展非正规战能力；非国家行为体在实施游击战等非正规战的同时，也正努力寻求提高常规作战能力。体现在作战样式运用上，无论是主权国家行为体还是非国家行为体都将呈现多样化特征。

2. 作战力量的混合

"混合战争"理论认为，未来战争中，非正规部队不再扮演辅助角色，而是与正规部队混合编组或并肩作战，共同实施多种样式的作战行动，是可以发挥决定性作用的重要力量。与以往战争相比较，混合战争更突出了正规部队与非正规部队在战役、战术层次的密切协调，强调了在战争各个阶段对多种作战力量进行统一指导。

3. 作战空间的混合

"混合战争"理论认为，作战空间是传统战场、冲突区原住民民意战场、国际国内民意战场三个战场的混合，是在物理空间和民意空间同时进行的战争。前者是同武装的敌人战斗，后者涉及的范围更广，包括控制并取得作战地区原住民的支持，以及国际国内社会的支持。为了达到最终战争目的，就必须在两个空间都取得胜利。而且，后者的难度要远远大于前者。

7.1.3 "混合战争"理论的内涵

1. 美国实用主义哲学在战争领域的具体体现

2003年伊拉克战争"主体作战"结束后，美军在伊拉克战场上的"非主体作战"麻烦不断。虽然时任国防部长的拉姆斯菲尔德提出了"稳定行动"的作战理论，但也暴露出对战场上威胁多样性、正规和非正规作战界限模糊性等问题的认识不足。在此后一段时间里，美国军事理论界对此进行了反思。

实用主义既是美国的国家哲学，也是美国精神的升华与提炼。实用主义者认为，在具体的实践中，人们既不能完全依靠过去形成的理论，也不能完全依靠以前的经验，所以人们必须不断探索新的方法去解决新的问题。这种实用的精神，对美国政治、经济、军事、文化生活起到了巨大的影响和推动作用，而且渗透到美国的军事战略思维之中，对美国军事战略决策和军事理论创新产生了深远影响。

2. 美军以战争实践牵引作战概念的军事创新

美军认为，战争是检验军事理论和作战概念的试金石，军事理论的正确与否，只有在战争实践中才能得到检验和发展。因此，每场战争或较大规模的军事行动后，美军都要作认真评估、分析和总结，反思存在的问题和不足。

例如在越南战争后，美军不仅对该战争进行深刻反思，还在深刻总结教训的基础上，提出了新的军事战略理论和军队建设思想，并推行全面改革；海湾战争中，美军在对"空地一体战"作战概念进行实践和检验后，提出了"全维作战""网络中心战""精确战"等全新的作战概念；1999年科索沃战争中，美军实践了"不对称、非接触"联合作战理论；

阿富汗战争中，美军运用了以特种作战为主的"全频谱作战"理论；伊拉克战争中，美军又成功实践了"网络中心战"概念。正面战场的辉煌胜利并没有阻碍军事理论创新的步伐。在阿富汗和伊拉克中，使用传统战法与美军对抗的敌人显得不堪一击，美军凭借其绝对的军事优势轻而易举地取得了作战的胜利。然而，正规作战行动结束后，在战后维稳、制止冲突中，对手采用的游击战等非正规作战方式给美军带来了巨大损失，将战争拖入无法预测的黑洞。美军装备精良，但许多先进技术和高科技武器在应对伊拉克反美武装时却发挥不出其应有的作用，这引起了美军对未来战争的反思。

正是在这一背景下，美军的"混合战争"理论才逐渐形成和发展起来。它针对美军在阿富汗和伊拉克战争中的缺陷与不足，指出了美军在阿富汗和伊拉克战争中的失败，不是因为美军军事实力不够，而是美军对整个战争的认识存在偏差。美军试图用打常规作战的方法对付战后反美武装制造的非传统安全威胁，结果是收效甚微。相对于传统的军事理论，"混合战争"理论更能够帮助美军实现全胜的目的，更加实用。

3. 美军对传统军事理论的继承与发展

近年来，美军的新作战理论层出不穷，但每个理论并不都是别出心裁，另起炉灶，而是对最基本的战争原理和传统军事理论的继承和发展。美军"混合战争"理论的提出，同样是在吸取传统军事理论的基础上形成和发展起来的。

美军在 1993 年版的《作战纲要》中，提出"全维作战"理论，强调美国陆军的任务范围，除战争行动外，还包括非战争军事行动。"全维作战"理论认为，在非战争军事行动中，要通过各种方法和手段，以最小的代价，达到军备控制、人道主义援助、安全救援、打击恐怖活动、维持和平行动、显示力量、对叛乱或反叛乱行动的支持等目的。这在一定程度上反映出美国陆军对未来任务范围不断扩大的认识。

2000 年 5 月，美军颁布的《2020 年联合构想》中要求建立"全频谱优势"，通过单独的行动或与多国及机构间合作者的联合来击败任何对手并控制任何情况下的所有军事行动。"全频谱优势"的提出，使美军逐渐摆脱过分注重"常规作战"的做法，转而把更多的注意力放在"非常规作战"之中。

其后，美军理论界出现了"四代战争"理论。"四代战争"理论起源于 20 世纪 80 年代，其最早的研究者之一托马斯·海默斯在《弹弓与石子——论 21 世纪的战争》中指出，第四代战争将是弱者利用不对称优势，专门打击超强敌人的致命弱点，从而赢得胜利的战争形态。托马斯·海默斯还强调，在第"四代战争"中，弱势一方将运用一切可以利用政治、经济、社会和军事的网络，迫使敌方政治决策者相信其战略目标要么无法实现，要么代价太高，无法取得预期收益。

"复合战争"是继"四代战争"之后的又一种具有较大影响的战争理论。"复合战争"是指那些常规力量和非常规力量在冲突中拥有较高程度的战略协调的战争形式。"复合战争"认为，常规力量和非常规力量应在统一的指导下同时作战，从而产生互补效果。所有这些理论，都为"混合战争"的形成和发展，奠定了厚实的基础。可以说，"混合战争"与"全维作战""全谱优势""四代战争"及"复合战争"既一脉相承，又有重大的突破与创新。"混合战争"的形成和发展，也从另一个侧面体现了美军对非正规作战的认识是一个不断加深的过程。有关人员对这些理论的研究，为"混合战争"理论的形成提供了思想资源。

传统作战理论认为,美军的稳定行动与大规模作战行动是分阶段逐步展开的,即在大规模作战行动基本结束之后,再展开稳定行动。实践证明,这种做法存在较多缺陷。在吸收了"四代战争"和"复合战争"中的正规战场与非正规战场、战斗人员与非战斗人员界限趋于模糊,以及常规力量与非常规力量将更加融合等观点的同时,"混合战争"理论强调稳定行动与大规模作战行动是不可分割的,战争的融合度将从战略层次向战役、战术层次延伸。战争行动与非战争军事行动的混合,多种作战方法和作战样式的融合,将会出现在未来的战场上。正如美国国防部长盖茨说的,"为真正取得克劳塞维茨所定义的胜利——达成政治目标,美国需要一支具备两种相配能力的军队,既能踢翻大门,又能随后清理混乱甚至重建房屋。"

4．对未来战争形态的分析与判断

战争形态通常是指由主战武器、军队编成、作战思想、作战方式等战争诸要素构成的战争整体。目前,战争形态正在由机械化战争向信息化战争形态转变。在这种转变的过程中,虽然机械化战争形态逐步淡出历史舞台,然而在全球政治、经济、科技发展极不平衡的今天,战争的形态的转变并没有沿着人们设想的轨迹线性向前发展,而是表现出曲折性、多样性、复杂性和混合性。这种形态的演变并不是由西方军事强国和个别技术先进的超级大国所能决定的,而是由整个人类社会不同国家、不同地区共同作用的结果。

敏锐地预测和分析未来战争的形态,是"混合战争"理论形成的重要依据。一方面,战争形态决定战争理论的形成,脱离战争形态的战争理论只能是空谈。另一方面,战争理论必须适应战争形态的形成与发展。只有准确地预知战争形态的发展,才能真正实现战争理论的创新。"混合战争"理论既是美军对其战争实践的概括和总结,更是基于对未来战争形态的预测和分析。富兰克·霍夫曼认为,由于全球化和大规模杀伤技术扩散等原因,美军将面临更多的恐怖袭击、武装袭扰等非正规的威胁,这些威胁与正规战场的威胁不断融合,必将促使战争形态发生重大的变革。在作战对象上,与传统的常规作战不同,"混合战争"中作战对象既可能是国家行为体,也可能是非国家行为体,或是两者的有机结合。

"国家正失去对战争的垄断""非战斗人员"一词将更适用于国家的常规冲突,而不适用于涉及国家和非国家行为体参与的"混合战争"。如伊拉克战争中萨达姆的正规军并没有给美军的进攻造成过多的阻碍,但"萨达姆敢死队"却给美军造成了不小的损失。在作战方式上,处于弱势之敌将不会用敌方所擅长的手段与其一分高下,而将采用其所拥有的一切资源,通过各种间接的、隐蔽的方式,结合常规作战手段,对敌人的弱点展开混合攻击。另外,弱势一方对现代信息技术的利用也将进一步提高他们的作战能力。这一点在伊拉克和阿富汗战争中就得到体现,当地的反美武装通过互联网等途径交流作战经验,相互学习战术技巧,改进爆炸装置的技术,给美军造成了很大损失。在作战领域上,正面战场与非正面战场的界限也在逐渐模糊,金融、能源、后勤、民用网络等都将成为对方展开攻击的目标。所以在作战指导思想上,"混合战争"理论认为,仅仅依靠正规战场上的胜利是远远不够的,因为对方关注的是非正规作战,目的是通过长期的持久作战不断消耗敌人,进而赢得整个战争的胜利,而不再更多计较一城一地的得失和赢得一场战斗的胜利。

5．适应建设一支无所不能"总体部队"的需要

冷战结束以来,美军在军队建设上面临的一个严峻挑战,就是要求部队既要准备与传

统军事大国作战，更要具备打击恐怖主义势力的能力；既要又好又快地完成作战任务，还要胜任维和、维稳、人道主义援助等其他任务。1999 年，美国国防部提出"无缝隙总体力量"概念，指出要把现役部队和预备役部队混合编组，实现一体化常规部队，核部队和特种作战部队的各种作战行动要实现最佳融合；各一体化部队要具有很强的适应能力，迅速完成不同作战类型之间的转换。2000 年，美军提出全频谱优势，进一步强调部队应具备应对非常规作战的能力。2001 年，美国国防部又提出"全能部队"概念，要求各军种和各军事力量组织部队具有全面军事能力，既能营造有利于美国的国际安全环境、慑止危机中的侵略和恐吓、实施小规模的应急作战行动、打赢大规模战区战争，又能对付非对称威胁。可见，不断提高部队总体作战能力一直是美军追求的目标。

"混合战争"理论的本质要求是建设一支无所不能、战无不胜的"总体部队"。在建军目标上，要力求把美军建设成真正意义上的"全能部队"。乔治·凯西在"21 世纪的陆军"一文中指出，面对"混合战争"的冲击，美国陆军要完成 4 项任务：一是在持久的反暴乱战役中占据上风；二是帮助其他国家提高能力，让盟国放心；三是在国内外支持民政当局；四是威慑并挫败混合威胁以及敌对的国家行为体。在建军原则上，由"基于威胁"型防务规划模式转向"基于能力"型部队建设理念转变，使美军在执行未来混合作战任务中能应付自如。在教育训练上，强调着眼未来任务要求，积极拓展现有训练内容，创新训练方法。在武器装备建设上，要求应统筹常规作战武器与非常规作战武器装备的研制与采购，并做到平衡发展。在作战指挥上，要求指挥员不但要熟练掌握常规战争中的指挥方法和指挥艺术，而且要注重对非常规作战及其两者混合时作战指挥方法与指挥艺术的理解与掌握，例如如何判断混合冲突的重心，如何更好地与民事部队或地方机构协调配合等。

7.1.4　"混合战争"理论的主要思想

1．在战争形态上，认为未来战争是一种全新的混合战争

该理论认为，战争形态正在发生重大变革，未来战争不能简单地划分为大规模的正规战战争或小规模的非正规战战争，而是一种正规和非正规作战的界限趋于模糊、作战样式趋于融合的"混合战争"。具体表现为四个混合：一是常规作战、非正规作战、恐怖袭击和犯罪骚乱等战争样式的混合；二是作战、维稳、安全、重建等军事行动的混合；三是政治、军事、经济、社会和信息等战争领域的混合；四是击败敌军和争取民众等作战目标的混合。

2．在威胁判断上，认为未来美国将面临混合威胁和挑战

该理论认为，美国当前的安全形势受到暴力的、表面上失去理性力量的严峻挑战，其严重程度不亚于前纳粹主义、法西斯主义和共产主义威胁。美军现在正面对包括常规威胁、非常规威胁、恐怖主义威胁在内的"混合威胁"，随时面临常规的、潜在的、非对称的、灾难性的、破坏性的安全威胁引发的激烈冲突。要赢得混合战争，关键在于三个决定性战场上的胜利：传统战场、冲突地区民众战场和国内国际民意战场。在传统战场上，要与敌人武装作斗争；在冲突地区民众战场上，要坚决采取措施，控制并取得作战区民众的支持；在国内国际民意战场上，要全面争取国内人民的理解和国际社会的支持。

3．在作战指导上，强调美军应做好多手准备

该理论认为，面对包括常规、非常规和恐怖主义威胁在内的"混合威胁"，美军应做好

多样化准备，以应对包括国家行为体、国家资助的组织、宗教集团以及"超能个人"(如本·拉登)组织的暴力集团等多样性"混合对手"，他们可能同时使用古代的大刀、现代的突击步枪和当代的移动电话等"混合装备"，采用包括常规战、游击战、袭扰战等多种作战样式在内的"混合手段"，正试图选择非常规手段，寻求非对称优势，对美国发动袭击以达成政治目的，给美军造成非对称威胁。

4. 在作战运用上，注重拓宽联合作战的范畴

该理论认为，美军过去在遂行作战任务时，把联合的重点放在战区级，主要强调战役层面的联合，这已经不适应美军打赢"混合战争"的需要。单纯依靠武力难以击败对手，必须综合运用军事、政治、信息、经济、文化等手段，与外国政府、安全部队和民众联合行动，从战略上防范、战役上谋划、战术上打击。在战略层面上，注重跨机构的合作，整合国家力量，加强与盟友、国际组织以及政府非军事机构协同，开展跨部门密切合作，提高政府非军事机构的能力，形成共同应对威胁的机制。在战术层面上，加强作战行动的协调和战术上的整合，注重提升小分队指挥官的决策能力和战术技巧，加快联合特遣部队以下级别部队的联合能力建设，确保参战力量能在同一时间、同一战场融合成一个统一整体。

5. 在军队建设上，提出打造多任务型全能军队

该理论认为，为寻求大规模作战和小规模作战的平衡，需要实现美军从履行一般任务军队向多任务型军队转变。为此，军队建设应将资源向非正规领域倾斜，加强网络空间、无人机以及战区内空运等领域的投入，提高美军情报侦察、顺畅进入作战区域的能力，并将战后维稳、重建、提供国际支援、信息作战以及其他手段的能力建设融入一般任务部队，培养出能在任何战场执行任务并取得胜利的"混合作战勇士"，使其能够在充满混合威胁的复杂战场中同时遂行多种任务，既保持本土防卫和常规作战中的获胜能力，同时还具备打赢稳定、民事支援、反暴乱等作战行动的能力。

6. 在教育训练上，要求美军增强混合作战能力

该理论认为，混合战争的教育训练重点是加强指挥官在遇到未知情况时的决策能力，提高联合部队的快速反应能力和全维作战空间"无缝隙"作战能力。一是创新军事文化(美军条令、法规)，重新评估美军地位作用，提高美军作战指导的针对性；二是提高非正规作战能力，使非正规战的教育训练常态化、制度化，以满足实际作战需求，提升美军同时遂行多种任务的能力；三是加强情报能力，能够从广泛的非传统资源中搜集、梳理信息，并具备敏锐的分析判断能力；四是突出软实力运用，通过人道主义援助、战后重建、自然灾害救援等手段展现美军软实力，提升美军影响力。

7.2 "混合战争"概念提出的背景

7.2.1 "混合战争"的雏形

"混合战争"在 2006 年的黎巴嫩真主党和以色列冲突中得到了体现：黎巴嫩真主党游击队使用游击战等非常规作战样式与以色列国防军进行对抗。真主党的各个游击队利用人口密集的地带进行掩护，相互配合协调，给以色列国防军以重创；在冲突中，他们使用了反舰巡航导弹、反坦克制导导弹和无人机等常规作战装备。

在这场冲突中，黎巴嫩真主党，一个非国家行为体，何以与以色列国防军进行抗衡？在指挥体制上，真主党武装采取的是战略上的集中与战术上的分散。真主党武装在战略层次上的指挥表现的相对集中，但在战术层次上却以小单位分散指挥为主。以色列国防军制订的却是针对金字塔型和节点式指挥体制的常规作战计划，只能对真主党战略层次的指挥体制进行一定的毁伤。

在装备技术方面，真主党武装不仅使用古代的大刀、现代的突击步枪和当代的移动电话，而且装备了大量的高技术武器。真主党武装用 C802 反舰巡航导弹重创以色列国防军的一艘海上护卫舰，利用 AT-14 "短号" 等反坦克导弹击毁 50 多辆以军的 "梅卡瓦" 重型坦克。真主党武装还通过遥控无人机侦察、收集情报；使用加密电话进行通信；使用热成像夜视仪监视以军的调动情况。

在作战方式上，真主党武装增加使用野蛮作战方式。在常规与非常规作战方式以外，真主党频繁使用自杀式爆炸和诸如引爆汽车炸弹这类人工制导方式。具备高技术含量的真主党武装，将常规战争的致命性和非常规战争的战术与宗教狂热结合起来，给以色列国防军前所未有的打击，也给美军巨大的启示：未来战争中的敌人将更加难以对付，他们会综合使用常规与非常规战法，寻找对手的薄弱环节，令以常规作战为主要任务的美军防不胜防。美军在伊拉克和阿富汗战争中已对这种 "混合战争" 深有体会。

7.2.2　"混合战争" 概念提出的历史动因

1. 对作战实践的全面反思和研究

近年来，美军先后提出了 "基于效果作战" "快速决定性作战" "网络中心战" "多域战" 等先进作战理论，将战争理想化、简单化、模型化，但这些理论固有的局限性导致在大规模作战后的稳定和重建过程中，出现了恐怖分子 "越打越多"、反恐战争 "越反越恐" 的尴尬局面。霍夫曼指出，"混合战争" 理论是对美国及他国战争的反思和总结。

(1) "混合战争" 理论源于对美军 "两场战争" 的全面反思。阿富汗战争中，虽然美英联军使用先进的高技术武器装备，瘫痪和摧毁了塔利班和本·拉登 "基地" 组织的指挥作战系统，但没能大量歼灭 "恐怖分子"，从而直接导致美军深陷反恐 "泥沼" 难以脱身。2003 年的伊拉克战争中，美英联军只用了短短 3 个星期就结束了大规模作战行动，但在随后的反暴乱行动、反恐维稳和战后重建中伤亡人数不断增加。霍夫曼指出，美军在阿富汗和伊拉克两场战争中感到力不从心，打不赢不是因为美军实力不够，而是美军对战争的认识有偏差，用对付传统安全威胁的办法来解决非传统安全威胁问题，难见成效。

这是因为，美军的最大威胁并非来自选择单一手段的国家，而是来自那些选择适合其战略文化与地理的战术的国家或组织，他们不再使用弱者的战术而是利用能带来最大回报的新式战法、技巧和能力，选准美军弱点，综合运用传统和非正规手段，采取非对称作战样式，在世界范围内实施分散行动，引发冲突，挑起事端，发动持久武装叛乱，与美军进行形式多样的政治、军事对抗。残酷的现实让美军深深感到，军事上的胜利并不等于战争的全面胜利，单靠压倒性军事力量无法实现全部战略目标，要想最终取胜必须综合运用包括外交、信息、军事和经济在内的全部国家力量，在传统战场和非对称战场上均战胜敌方。

（2）"混合战争"理论得益于对外军"两场战争"的全面研究。2006 年的黎以冲突中的结局对各国军界尤其是对五角大楼造成很大冲击，他们试图弄清真主党游击队如何击败一支主要装备美制武器的传统军事力量。这次黎以冲突中，黎巴嫩真主党的作战行动像是游击战，却又装备了高技术武器。从其战术方法来看，是常规与非常规相结合，实施了游击战、相对简单而又野蛮的导弹袭击、尖端的网络战、策划周密的宣传战。从其指挥控制来看，是战略上集中与战术上分散的指挥控制体制相结合。美军还对俄罗斯军队在车臣的格罗兹尼被游击队击败的战例进行了重点研究和总结。1994 年第一次车臣战争中，车臣叛军以传统的小单元、分散式的部族风格作战，他们使用很容易得到且先进的武器装备对俄军装甲部队造成沉重打击，使俄军深陷城市作战的迷宫当中。霍夫曼对这场战争分析后认为，未来的混合型战争将在发展中国家"密集的城市、丛林中"展开，其突出特点是将快速变化的战术和先进武器装备结合起来。

"混合战争"理论就是在追溯了 1919—1920 年的爱尔兰人暴动、20 世纪 80 年代阿富汗境内的穆斯林游击战、车臣武装分子对抗俄罗斯的叛乱危机以及被奉为"混合战争"原型的黎以冲突等典型案例，分析研究了美军在伊拉克和阿富汗冲突中的举步维艰后才得到广泛认同的。因此，战场失利的惨痛教训和对作战实践的反思总结，催生了"混合战争"理论。

2. 应对多元化和多样性混合威胁的需求

（1）"混合战争"之所以逐步显现，是由于美国面临多元化安全威胁所决定的。霍夫曼指出，美军正面临着复杂而不定的安全环境和威胁。美国既面临着传统性威胁和非常规威胁，又面临着灾难性威胁和破坏性威胁等。此外，诸多跨国性挑战，如全球经济危机、失败国家和失控地区、气候变化和能源竞争、科技进步和信息扩散、大规模流行病亦可能对美国的安全利益造成威胁。由以上一种或几种威胁引发的"混合战争"，将表现为三种战场，即传统战场、冲突地区民众战场和国内国际民意战场。要赢得"混合战争"的胜利，在传统战场上，必须击垮或瓦解敌人正规武装力量；在冲突地区民众战场上，要能控制并取得作战区民众的支持；在国内国际民意战场上，要全面争取国内人民的理解和国际社会的支持。

（2）"混合战争"之所以逐步彰显，还因为美军面临多样性作战手段威胁所决定的。"混合战争"中，美军既可能面对具有相当作战能力的国家，也可能面对具有高致命攻击能力的非国家行为体。与美军作战的对手将会采取包括政治、军事、经济、社会和信息在内的多种手段谋取局部优势或达成所需的行动效果。在作战行动中，包括非传统和非常规作战手段，作战对手可能同时使用冷兵器、现代高技术武器装备和当代的指挥通信设备，采用包括常规战、游击战、袭扰战、网络战等作战样式在内的混合手段，对美发动袭击以达成政治目的，给美军造成非对称威胁。美国的国防问题专家迈克尔·伊万斯形象地指出，"混合战争中，微软技术与弯刀并存，隐形技术遭遇到了自杀炸弹"。

3. 应对现实威胁的挑战

"混合战争"理论源于应对未来伊朝"两场战争"的挑战需要。根据霍夫曼提出的"混合战争"理论，美国一些军事专家所进行的延伸研究表明，当前美国所面临的"伊核""朝核"两大核问题一旦无法通过外交手段解决而诉诸于军事手段,都将爆发"混合战争"。

因为朝鲜和伊朗这两个国家都具备发动"混合战争"的能力。特别是伊朗,未来若美国对伊朗采取军事行动,"混合战争"的影子将更加清晰。尽管伊朗拥有一支庞大的常规作战力量,但与美国相比还存在相当大的差距,对此伊朗方面十分清楚,并采取了"剑走偏锋"的模式,谋求能抵消美国常规作战优势、同时给予重创的战术和战法。比如,伊朗大力提升其远程弹道导弹的射程和精度,寻求核武器的技术突破,重视特种部队力量建设,关注网络战、石油战,扶持黎嫩真主党游击队和巴勒斯坦哈马斯武装组织等做法,都将产生综合效用。而按照"混合战争'理论,伊朗恰恰都是"四种威胁能力集一身"的国家。

4. 独特的科研机制和氛围

着眼设计未来战争,对作战理论进行超前研究,是美军作战理论创新的基本思路和指导思想。美国非常注重营造宽松、自由的军事研究氛围,鼓励军事理论创新。"混合战争"理论之所以产生与其传统、环境和氛围密不可分。美军理论创新从不盲目崇拜先贤,困于对前人研究成果的分析、总结和归纳,而是不受传统羁绊,敢于自由争鸣、畅所欲言;从不是闭门造车,而是主动适应世界军事发展潮流广泛借鉴外军优秀理论成果。从独立战争到第二次世界大战爆发,美国基本是沿袭和借鉴欧洲传统军事理论。即便是像马汉和米切尔这样的理论巨擘,也主要是受了约米尼、杜黑等人的影响。

美国人霍夫曼通过对美军近年来的反恐战争和黎以冲突的反复研究,从"第四代战争"理论中接受了"冲突具有模糊性特征""国家失去对战争的垄断"等思想,从"超限战"理论中吸纳了"全维作战""综合运用各种手段"等思想,从"复合战争"理论中汲取"常规力量和非正规力量可产生协同效益"等思想,从英国和澳大利亚军方处借鉴了应对混合威胁所需的有效反制能力等成果,提出了"混合战争"理论,并围绕未来战争样式发展以及军队建设走向等问题提出了一些独到见解,引起了美军理论界的强烈共鸣。

混合战争借鉴的作战理念如图 7.1 所示。

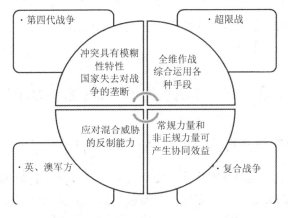

图 7.1 混合战争借鉴的作战理念

"混合战争"理论之所以在短时间内得到如此关注,与美军理论研究广开言路的传统、直达高层的机制息息相关。美军相对成熟的军事理论引起高层重视,并已成为国防部甚至白宫决策的重要依据和参考。"混合战争"理论就是在得到国防部长盖茨和负责政策事务的副部长弗卢努瓦的首肯后,引领各方深入研究的。

7.2.3 "混合战争"概念的实践应用

2014 年发生的俄乌克里米亚危机,是近年来发生的具有重要影响力的国际政治事件,在整个克里米亚脱乌入俄过程中,俄罗斯并没有任何宣布战争的行为或者较为明显的军事行动,而是综合运用了传统的军事威慑与非传统的信息战和舆论战等多种方式,成功地在乌克兰东部地区营造了一种"难以捉摸"的混乱状态。俄罗斯在克里米亚的行动,充分反映了俄罗斯近年来在军事训练、作战水平和战略思想上的提升,最大限度地维护了俄罗斯的利益。

2018 年 9 月 17 日,俄罗斯一架载有 15 名官兵的伊尔-20 电子侦察机在返回俄罗斯驻叙利亚赫梅米姆空军基地途中,在距叙利亚海岸 35 km 处失联。俄罗斯国防部稍后确认,这架俄罗斯军机被叙利亚防空导弹击落,机上 15 人全部遇难。造成伊尔-20 坠落是一系列复杂因素合力的结果,正如普京所形容的那样是由"一连串悲剧性偶然因素"所导致的,而这正是混合型战争的本质。

在美国看来,伊朗、朝鲜、埃博拉和"伊斯兰国"仅为疥癣之疾,真正的对手唯有中国和俄罗斯。目前,美国对中国、俄罗斯等国采取的多种经济手段也可以归结为"混合战争"的行为,包括贸易和金融制裁、反倾销指控、货币战等,目的是助推货币崩盘、居民减收、工业下滑、预算紧缩、经济衰退。

尽管作为世界一流军事强国的俄美都在深入研究"混合战争"理论,但俄美两国不仅均不承认自己针对其他国家实施"混合战争",而且还指责对方运用"混合战争"实现政治目的。总体来看,美俄两军对"混合战争"理论的观点有所区别。俄方认为,美方对俄罗斯实施的"混合战争"主要是使用混合方法——信息、经济、政治、军事、支持内部反对派甚至是恐怖分子等方法,实现遏俄、弱俄、乱俄,甚至是裂俄与灭俄的目标;而美方认为,俄罗斯对周边国家实施的"混合战争"主要是隐蔽地利用国家军事力量,支持与利用被侵略国内部亲俄代理人,干涉、控制周边主权国家,甚至侵略与吞并邻国领土,比如俄罗斯在克里米亚与乌克兰东部所做的那样。目前,"混合战争"已成为美俄在军事领域博弈和争夺地缘政治空间的新手段。

7.3 对"混合战争"概念的认识

7.3.1 "混合战争"概念转变美军威胁判断的新动向

在安全威胁判断上,强调美国面临的安全威胁更趋多样、复杂和不确定。美军认为,当今世界上新兴国家的崛起、非国家行为体的影响日渐增长,大规模杀伤性武器和其他破坏性技术的扩散,以及一系列新的难以把握的发展趋势对国际秩序构成了深层的挑战,这就使美国面临的安全威胁与挑战也变得更加复杂和更加"混合"。这些在安全威胁问题上的判断结论,都是与"混合战争"理论相适应的。

1. 适度淡化传统安全威胁

美国防部 2005 年版《国防战略》及 2006 年颁布的《四年防务评估报告》,都是把以大国冲突为标志的传统性威胁排在首位，表明当时美军将其面临的安全威胁和挑战重点放在潜在威胁的大国和新兴起的强国上面。2010 版《四年防务评估报告》虽然强调新兴国家的崛起依然对美国构成挑战，但对此着墨并不多，语气也较为缓和，而将打赢当前战争、战胜"基地"组织和塔利班武装作为美军当前的首要任务。在美军看来，虽然新兴国家的崛起依然对美国构成挑战，但这种挑战是一个长远的问题，还不构成对美军的最紧迫威胁。这种安全威胁的依据，无疑是来自于"混合战争"理论。

2. 突出非国家行为体的挑战

在"混合战争"理论的影响下，美军认为，非国家行为体的日渐增长和强大，将是国际安全环境的一个重要特征。全球化进程加快了技术创新的步伐，同时也降低了更多的非国家行为体开发和获取先进技术的门槛。随着技术创新步伐和信息传输速度的加快，非国家行为体将继续获取前所未有的能力和影响力。因此，当前的威胁主体已不局限于主权国家，一些国家资助的恐怖组织、贩毒集团、宗教集团，甚至是个别"超能个人"或电脑"黑客"，都可能以非传统手段对美国形成挑战和威胁。如在面对像伊拉克这样拥有大规模常规部队的对手时，以传统军事理论为指导的美军显示出了压倒性的优势，然而面对"基地"组织、伊拉克反美武装这样的非国家行为体却使美军深陷战争的泥潭。此外，随着军事科技的不断发展，这些非国家行为体将逐步具备各种现代化的军事能力和武器装备，包括隐蔽的作战指挥系统、计算机网络攻击，便携式防空导弹等其他现代化的作战系统，从而给美军带来的威胁将远远大于现在的路边炸弹。

3. 重视来自非正规战场的挑战与威胁

"混合战争"理论认为，现代战争会越来越呈现以下鲜明的特点：正规战场与非正规战场界限趋于模糊；战斗人员与非战斗人员之间界限趋于模糊，物理与虚拟维度之间的界限趋于模糊。在正规战场取得的辉煌胜利与非正规战场失败的惨痛教训使美军逐步认识到，除正规战场的传统威胁与挑战外，敌对一方还可能运用诸如反卫星武器之类的多种高技术手段，支持或进行恐怖主义活动，针对金融目标发动网络战，采取各种隐蔽的、间接的攻击方式达到其作战目的。这种来自非正规战场、非常规手段的挑战与威胁可能更加突出。

7.3.2 "混合战争"概念引发美军作战理念的新变革

在作战指导理念上，加速由"先发制人"向注重应对现实威胁和"当前战争"转变。"先发制人"战略是布什政府于 2004 年 5 月出台的《国家军事战略报告》中首次提出的。然而，伊拉克战争后，"先发制人"战略的"自裂阵营、劳民伤财"等缺点很快暴露出来。奥巴马政府执政后，"巧实力"战略逐渐成为美国国家安全战略和军事战略的理论基础，美军战略重心也向打赢"当前战争"转移。新版的《四年防务评估报告》摒弃了过去美军一直强调的同时打赢两场局部战争的军事战略思想，而是明确提出"平衡建军"思想，要求在兼顾未来不确定威胁的同时，侧重打赢当前的战争。设定的防务目标包括：打赢眼下的战争；预防和慑止地区冲突；应对各种突发事件；保持和加强一支全志愿部队。报告指出，伊拉克战争和阿富汗战争的结果将直接影响未来数十年的国际安全环境，因此打赢眼下的战争成为美军最优先的任务，也是美军建设的主要着眼点。正因为如此，报告第一次把正在进行的战争"置于预算、政策和项目分配的首位"。

"混合战争"理论对美国传统军事思想带来极大冲击，它准确地找出美军作战样式的缺陷和弱点，使美军改变思维方式和军队组织结构，在某种程度上颠覆了美国长期以来对作战的理解和认识。

1. 对战争认识的变化

就混合战争本身而言，特别是从民众层面来讲，战争的结果应是条款上的成败而非通常意义上的军事胜败。战略目标和最终状态是取得安全常态而非击败敌人军队或摧毁敌人政权。美军想要赢得混合战争，就必须在三个决定性战场——传统战场、冲突地区民众战场和国内国际民意战场取得胜利。

2. 对作战理念的变化

要全面打赢混合战争，既要用传统军事优势击败敌方军队和政治目标，同时也必须通过稳定和支援行动在作战区实施安全控制，从而最终实现民众安居和社会发展。对盖茨 2009 年 6 月在五角大楼发表的关于作战指标规划的重要讲话，《纽约时报》认为，美军作战将从过去同时打赢两场主要常规战争的理念向应对包括常规战争和反恐行动在内的混合战争理念转变。

7.3.3 "混合战争"概念提升美军作战运用的新方式

在作战方式运用上，将加大非常规力量的比重，进一步拓展新的作战领域。"混合战争"理论认为，美军传统的作战理论已不适应美军打赢混合战争的需要。美国必须综合运用其军事、政治、信息、经济、外交和文化等多种手段，与民事机构、盟国政府和部队联合行动，才能更好地应对共同的挑战。

1. 提升民事行为能力

在美国国内方面，继续改善与政府各部门及机构间的关系，加大对民事机构的支援力度。美军认为，在国内和国外发生复杂紧急情况时，民事机构拥有与美武装部队并肩作战的资源和权力非常重要，必须在这方面加强合作。在国外方面，美军认为民事部队将成为美军在法律、经济稳定、社会管理、公共卫生和福利、基础设施、公众教育和信息领域为盟友提供支援的先锋队。为此，美国防部正在寻求各种方法将民事部队融入稳定行动之中。美国陆军也将继续增加其特种作战司令部的民事机构编制。

2. 运用"巧实力"手段，注重打好"柔性战争"

在非传统安全威胁日益增大的今天，"巧实力"的地位和作用今非昔比。在此种思想指导下，美军也开始把战争思想转移到打"柔性战争"上来，提出要把高技术作战和经济发达的硬实力与美国的外交、文化等软实力结合起来，加强对亲美势力的军事训练和武器援助，加强对敌人内部的军事渗透，让军队搞好人道主义救援，搞好宣传和分化敌人，支持敌对国家反对派的街头暴乱等和平行动。

3. 提高网络安全级别，加强网络空间作战能力

当前，网络空间已经成为继陆、海、空、天、电以外的第六大作战领域。美国担心，战时网络攻击可能会对民众和民用基础设施产生意料不到的危害。近期以来，备受关注的"维基解密"事件使美军认识到当前美国在网络空间正面临难以预测的多种威胁。犯罪分

子可能通过各种手段获取美国政治、经济、军事、外交方面的绝密信息，甚至可能会通过摧毁军用网络系统，给国家和军队制造混乱。因此，美军积极加强在网络空间的防护力，进一步完善国防部网络空间安全的各项措施。美国国防部还专门组建了网络空间司令部，以更好地领导和协调国防部网络的日常保护和作战。

7.3.4　"混合战争"概念推进美军力量建设的新模式

在作战理论建设上，将立足"混合战争"需求，力求打造一支综合多能的"总体部队"。"混合战争"下为了更好地应对作战环境、作战对象、作战手段、作战任务的新变化，美军必须进行相应变革，由建设单一任务部队向建设多任务部队转变，最终建立起一支能够适应"混合战争"要求的综合多能的"总体部队"。在重视正规作战能力建设的同时，将更加关注非正规战争能力的建设，突出以稳定行动或民事支援行动为主，兼顾进攻、防御的全频谱行动能力的建设。

1. 调整教育训练内容，增强"混合"作战能力

在教育训练中，注重以应付多种安全威胁为目标的多能化训练，提高美军在充满混合威胁的复杂战场中成功执行任务的能力，提高指挥员应对各种未知情况的反应和决策能力。为此，他们将更加注重非正规作战的教育训练，增强部队遂行抢险救灾、民事支援、人道主义援助、维和行动、反恐作战等非战争军事行动的能力。伊拉克战争表明，美军最大的优势是远距离精确打击能力，最突出的弱点是战后稳定与重建能力的严重不足。

2. 重新规划武器装备采办原则

冷战结束以来，高技术武器装备一直是美军不懈追求的目标，但在阿富汗和伊拉克战场上，面对"基地"组织和伊朗反美武装类似游击战的非常规战争，这些装备发挥的作用与其价值却相距甚远。目前，美军在"混合战争"理论的影响下，已重新规划武器装备采办原则，以便使其更加适应"混合战争"理论的需要。一方面，提高用于反暴骚乱、维稳和反恐作战的武器装备的采购规模，如增加直升机数量等。另一方面，削减不急需的常规武器项目。

7.3.5　"混合战争"概念指明美军全面转型的新方向

"混合战争"理论所提倡的"多战争、多行动、多战线、多任务"的指导思想与美国原国防部长盖茨正积极推行的"均衡"防务战略思想不谋而合，完全适用于当前美军防务政策调整的需要，这必将促使美军针对混合威胁不断升级的现实，全面推进军队建设转型。

1. 积极创建"全能型"部队

部队应既能打赢大规模作战又能对付非对称威胁，既能与传统军事强国作战又能打击恐怖主义，既能完成作战任务还要胜任维和、维稳、人道主义援助等其他任务。

2. 加快"基于能力"型部队建设步伐

由"9.11"事件前的"基于威胁"型防务规划模式完全转向"基于能力"型国防建设思维，使其能够在军事行动的一切领域和战略、战役及战术各个层次都能执行任务，并能迅速从执行一项任务转向另一项任务，从一个地区调往另一个地区，从一种作战类型转向另一种作战类型,确保不管敌人是谁,威胁来自何方,都能灵活有效应对。

3. 突出"打击性"和"建设性"力量并重

根据"混合战争"理论,美军未来作战对手复杂多样,美国现实和未来的主要对手虽然可能在整体军事实力上弱于美国,但可能在某些技术领域处于领先地位,对美实施"非对称作战"。美军未来既要应对类似伊拉克战争、阿富汗战争的"低端非正规战争",也要应对来自某些"崛起大国"的"高端非正规战争"。因此,美军未来力量建设将突出"打击性力量"和"建设性力量"并重,使用"打击性力量"应对威胁,使用"建设性力量"帮助和控制"失败国家"。

4. 力求打造军队"全谱"行动能力

"混合战争"理论认为,美军要在混合战争中取得优势,并最终实现预定的目标,需要实现从实行一般任务型军队向"多任务"型军队转变,具有打赢正规作战和非正规作战的能力。为此,美军强调,必须加强非正规作战能力建设,加强网络空间、无人机以及战区内空地等领域的投入,提高美军情报侦察、顺畅进入作战区域的能力,并将战后维稳、重建、提供国际支援、信息作战以及其他手段的能力建设融入一般任务部队,培养"混合作战勇士",使其能够在充满混合威胁的复杂战场中同时遂行多种任务,既保持本土防卫和常规作战中的获胜能力,同时还具备赢得稳定、民事支援、反暴乱等作战行动的能力。

5. 全力提升部队同时遂行"多任务"能力

为适应未来作战需要,美军必须加强部队遂行多种任务和非作战任务能力的训练。一是强化单兵的基础训练,把士兵培养成能在任何战场上执行多种任务并取得胜利的"混合作战勇士";二是加强分队指挥官的训练,着力提高分队指挥官正规与非正规作战的指挥技能,使其具备决策技巧、战术水平、掌控战场和随机应变的能力;三是加强部队反应能力训练,重点加强部队陆海空天领域和网络空间的威胁感知能力训练,提高部队快速反应能力。另外,还将建立面向民事管理的军事院校,加强官兵的外语技能、地区文化技能等能力的训练。

7.3.6 "混合战争"概念的局限性

"混合战争"概念作为美军在自身特定战略环境下提出的作战概念,其局限性也是十分明显的。

1. 战争形态的界定不具有时代特征

战争形态是战争的时代特征在人类社会认识平台上的集中反映,一个时代的战争形态必须具有其独有的特征。回顾战争发展史,作为人类最为激烈的武力对抗活动,绝大部分战争都具有战争主体、战争样式、战争手段的混合性,混合并不反映 21 世纪战争的典型特征。

2. 有战争恐怖化的思维倾向

"混合战争"理论将战争中的不对称手段与恐怖主义惯用的犯罪行为混为一谈,把多种战争手段归结为恐怖主义的倾向是不符合马克思主义战争观的。

3．有战争泛化的思维倾向

"混合战争"理论将冲突的产生归咎于失败国家、暴力集团甚至个人，存在着明显的泛化威胁、泛化战争的倾向。

7.4 "混合战争"概念对美军作战和装备建设的影响

面对新形势，要实现国家总体安全，消除潜在安全威胁，就要适应现代战争的新变化，从国家层面完善应对"混合战争"的体制和机制，运用政治、经济、外交、军事、文化等手段综合应对，既重视传统战略资源，又重视信息、网络等非传统手段，军事行动既要重视实战，又要重视必需的战略威慑。

1．要求建立一支平衡和多能的联合部队

当前美国面临的诸多问题表明，以往的常规性威胁正在不断拓展，非常规威胁、恐怖主义成为新的现实威胁。因此，在作战指导上，要求美军从履行一般任务军队向"多任务"型军队转变。军队需要既能打赢大规模作战，也能对付非对称威胁；既能与传统军事强国作战，又能打击恐怖主义；既能完成作战任务，还要胜任维和、维稳、人道援助等非军事行动。

在装备建设方面，"混合战争"的防务战略思想要求寻找大规模作战和小规模作战之间的平衡。因此，美军调整了装备发展策略，从追求高精尖装备转向追求实用化装备，如宣布停产 F-22 战斗机和 C-17 运输机，把有限的资源用在更为紧迫的任务上，如为抵御简易爆炸物而开发的装甲车，加大对网络、情报、机器人等领域的投入。目的是使美军能够在充满混合威胁的复杂战场中同时遂行多种任务，既保持本土防卫和常规作战中的获胜能力，同时还具备打赢维稳、民事救援、防范暴乱等作战行动的能力。

2．提高识别多重对手和适应复杂环境的能力

针对美军建设转型提出的要求，为适应国家防务战略调整的需要，实现以能力为基础的战略目标，美军在训练指导上开始放弃以往针对固定威胁对象和固定威胁地区的训练观念，更加强调以应付多种威胁为目标的训练，使美军各军兵种部队具备比以往更强的适应能力和反应能力。

美军在"混合战争"的指导思想下，在各军兵种的军事训练和院校教学中积极推广以信息化为特征的模拟训练，其显著的训练效益在阿富汗战争和伊拉克战争中得到了充分验证。从阿富汗战争空中精确打击与地面特种作战的联合行动，到伊拉克战争中的"斩首行动""震慑行动"以及地面力量"快速决定性作战"，这些针对不同对手、不同战场、不同背景而运用的不同"战法"，都源自美军的信息化模拟训练。

3．突出特种作战、信息战等非常规力量

威胁的混合性迫使美军强调应对高科技背景下的混合型战争。其中包括利用导弹或激光武器攻击通信卫星、计算机网络攻击、破坏卫星定位系统的行动、精确导弹打击、路边炸弹袭击、通过电视和国际互联网发动宣传战等多种现实威胁。

在部队结构上，美军要提高远程作战能力，构建更为精干、更具杀伤力以及高灵活性

的部队。突出特种作战部队的比重，使传统地面部队不仅有能力执行本土作战任务，还可以进行海外训练并执行安全任务，扩展美军的非常规作战能力。突出信息作战优势，增强空中、远程和网络监控能力，把握战场主动权，综合运用心理战、电子战对敌方信息系统实施实体摧毁、信息阻断等打击。

第8章 马赛克战

8.1 "马赛克战"概念解析

8.1.1 "马赛克战"的概念内涵

"马赛克战"(Mosaic Warfare)是 DARPA 下属的战略技术办公室(STO)于 2017 年 8 月提出的新型概念。作为全新的作战概念,"马赛克战"是对既有技术和概念,特别是当前广泛使用的"系统之系统"的传承与创新。"马赛克战"与"系统之系统"都使用了许多传统技术,例如将弹性通信、指挥与控制等作为基本组成部分,且都不需要全新的材料或装备来实现。两类作战概念都基于将系统分解为各类子系统,再进行分布式集成。

虽然"马赛克战"概念与目前应用广泛的"系统之系统"有许多共同点,但"马赛克战"比设想的任何"系统之系统"都更加先进。"系统之系统"从概念设计到最终作为一个整体运作都类似于拼图的概念,拼图的每个部分都经过独特设计和集成以填补特定角色,由于其由单一系统集成设计,配置一成不变,因此系统的构造需要遵守特定的标准。而设计标准达成后,再要更改就必须重新设计,需要花费很长的开发周期来评估分析每个模块的变化对整个体系的影响。因此,"系统之系统"的适应性、可扩展性和互操作性受到很大限制。

"马赛克战"是将工程设计方法转变为新系统。其设想了一种自下而上的组合能力,其中单个元素(或现有新系统),如马赛克中的单个瓷砖,组合起来动态地产生先前未预期的效果,彻底改变军事能力的时间周期和适应性。因此,"马赛克战"的关键技术从平台和关键子系统的集成转变为战斗网络的连接、命令和控制,用于拼接组合的新技术支持按需组合、集成和互操作性。该技术能够实现向后兼容性,并及时、定制化创建所需任何连接点,以新颖的方式连接庞大而有能力的子系统或系统库存以实现新功能,并最终形成"马赛克战"持久、快速、开放的未来适应性。

"马赛克战"概念不局限于任何一个组织、军兵种或企业的系统设计和互操作性标准,而是寻求开发专注于实体之间可靠连接点的程序和工具,促成各种系统的快速、智能、战略性组装和分解,为创建战术、作战及战役层面的"效果网"开启无限可能性。在实际作战运用中,"马赛克战"的各组成部分可以实时响应具体的作战需求,利用众多动态、协同、高度自主的可组合系统进行网络化作战,以极大的灵活性生成适应各种作战想定的作战效应,产生一连串的非线性作战效果,最终形成"效果网"。

然而,美军现有武器系统不是为了以"马赛克战"发挥作用而设计的,它们更像拼图,是仅能作为某一特定图形(特定用途)的一块(武器系统),缺一不可。如图 8.1 给出了拼图与

"马赛克"概念的简单对比，"马赛克"图片只是一副大图像的一小部分，缺少任何一块并没有太多影响。在作战时，即使敌方消除了很多"马赛克"元素，余下的部分仍可按照需求立刻做出响应，实现预期的整体效果，形成不对称优势。

拼图与"马赛克"概念对比如图 8.1 所示。

图 8.1　拼图与"马赛克"概念对比

8.1.2　"马赛克战"的体系构成

综合目前面临的现实约束和挑战，"马赛克战"概念基于一种技术愿景，利用动态、协调和高度自治的可组合系统的力量。各类系统就如同简单灵活的积木，相关人员在建设一个"马赛克"系统时，就如同艺术家创建马赛克艺术品，将低成本、低复杂度的系统以多种方式连接在一起。并且，即使"马赛克"系统中部分组合被敌方摧毁或中和，仍能作出快速响应，创造适应于任何场景的、实时响应需求的理想期望。"马赛克战"概念作为美国目前最新也是最大的作战概念，需要多种技术和概念的支撑，简单来看，其体系基础包括6 个方面，12 大项目。

作战概念、体系与架构是"马赛克战"概念的基础和框架。从美军前期作战概念和体系架构研究项目来看，对"马赛克战"概念体系起支撑作用的主要有：体系综合技术和试验(SoSITE)、跨域海上监视与目标定位(CDMaST)、复杂适应性系统组合与设计环境(CASCADE)、进攻性蜂群技术(OFFSITE)等项目(见表 8.1)。

表 8.1　"马赛克战"概念体系的支撑项目

主要涉及项目	主 要 内 容	状 态	主管部门与提出时间
体系综合技术和试验(SoSITE)	采用 DoDAF 进行体系架构设计与评估分布式作战体系概念，给出各种系统之间的服务和接口标准，提高多种武器平台的整体作战效能。综合集成技术研究。设计开放系统架构、面向协同任务的增强型小单元等，实现"即插即用"，降低武器装备研发时间。开展飞行试验。验证系统之间自动组合和传输信息的能力、传感器与自动目标识别软件的集成、应用战争管理控制系统协调分布作战各武器平台等	开展飞行验证以及对空空精确杀伤链试验	DARPA 2014

续表

主要涉及项目	主 要 内 容	状 态	主管部门与提出时间
跨域海上监视与目标定位(CDMaST)	将美军现有的集中式的战斗群模式转变为一种分布化、敏捷化作战模式，将作战系统分布在 10^6 km^2 范围的海域内，降低系统的整体风险。这种模式把各种作战功能分散到各个低成本系统中，通过各种功能的有人/无人系统构建"系统之系统"体系，实现对水面敌方舰船和水下潜艇大面积、跨域(海下、海面和空中)进行监视和定位的能力，增强感知能力，有效实施打击。 根据 DARPA 的项目构想，体系应具备大区域(可达 10^6 km^2)、分散化、跨域(海下、海面和空中)、自适应性及弹性的特点	第一阶段已经完成海上 SoS 概念体系架构开发； 第二阶段将对技术和作战可行性进行试验，并重点对反潜和反水面作战架构进行开发验证	DARPA STO 2015
复杂适应性系统组合与设计环境(CASCADE)	通过开发新的数学技术，对复杂系统进行通用化建模，对各子系统的相互作用进行深层次的理解，提供统一的系统行为视角，并形成一种官方的复杂系统的设计语言和开发环境。 从根本上改变对动态、不可预测环境的系统设计方法以使系统具备实时弹性响应能力	正在进行中	DARPA 2015
进攻性蜂群技术(OFFSITE)	利用交互技术开发人机接口，提供实时监控数百个无人平台的能力，通过集成蜂群交互语法实现自由蜂群战术设计。 构建实时网络化虚拟环境实现用于实验和操作的蜂群系统试验台，支持基于物理现实的蜂群战术游戏，通过游戏快速探索评估最佳蜂群战术，并将不同战术进行对抗实现进化。 最终目标是设计、研发并验证一种蜂群系统架构和软件架构，推动新型蜂群战术的生成、互动和集成、评估蜂群作战效能	每 6 个月开展一轮实物验证试验，不断增加蜂群规模、任务区域范围和任务时间等复杂性以提升蜂群架构和蜂群战术水平	DARPA 2016

8.1.3 "马赛克战"的基本特征

"马赛克战"以作战能力需求为牵引，实现武器运用从平台为中心向互联的信息驱动模式转变，以战斗速度构建作战能力；利用无人平台弥补传统高价值平台受到威胁以及现代战场环境复杂多变、作战任务难以进行的不足；增加人机编队的作战模式，减弱高价值平台战备不足的缺点，提高作战形式的复杂性；增加作战体系多样性，增强突发威胁应对能力，避免主任务受到干扰；凭借新型的非对称战略优势应对未来战争。

1. 任务手段多样化

"马赛克战"以作战任务达成率为目标，可将战场中的所有资源按需组合，形成跨域杀伤网络，应对单一任务具有多种选择，对突发情况有备份手段。

2. 作战体系弹性化

各种异构平台依托易于扩展和快速升级的小型系统和接口，可按需集成功能、扩展能力，平台间可动态组合、密切协作，具备自主规划能力，形成极具弹性的系统体系。

3. 提高战场复杂性

为了达成作战目标，将形成多元化的指挥节点和多条不可预测的杀伤链，消耗对手 ISR 资源，提高对手的战场态势认知难度，给对手带来许多复杂性问题。

4. 具备装备消耗性

融入大量低成本、模块化、功能单一的智能无人武器系统进行突前侦查、打击、评估，迫使敌人消耗战斗资源。

5. 快速形成作战能力

可快速拼装，不局限于任何部门、机构、军兵种的系统设计和互操作标准，促成针对不同系统的快速、智能、重要的组装，改变军事能力开发的时间周期和适应性。

8.1.4 "马赛克战"对作战效能的提升

在"马赛克战"方法下，美军整体的空中、网络、陆地、海洋和太空领域将聚焦在更加综合的框架内运行。"马赛克战"的目标是：按照具体冲突需求，促成各种系统的快速、智能、战略性组合和分解，生成成本较低廉的具有多样性和适应性的多域杀伤链的弹性组合，实现网络化作战并生成一系列的效果链。这些效果链是非线性的，可以在战术、作战及战役层面上组合生成"效果网"。根据 STO 的设想，"马赛克战"贯穿整个作战周期，通过分解和分配可组合适应性强的有人或无人系统实现作战目标。

根据上述分析可看出，若解决相应的技术问题，"马赛克战"的作战效能将产生质的提升。首先在耗时上，作战周期的每个阶段耗时都降低了一个时间单位。其次是作战灵活性，从常规的武力交战到模糊的"灰色地带"冲突，"马赛克战"形成的"效果网"可实现各种灵活应用——从偏远沙漠的动能交战，到复杂城市环境的小规模打击，或者对抗快速传播不实信息、威胁友军及战略目标的信息战。

为说明"马赛克战"的灵活性和实时性，以战斗机队为例。假设战斗机队初始任务为摧毁敌方雷达，但在执行任务过程中，地面部队发现此时有更具价值的目标弹出，需要战斗机配合摧毁。目前的军事系统需要地面部队联系指控中心，指控中心手动验证可支持该任务的战斗机并重新规划战斗机队任务，战斗机收到指控中心任务协调指令后，使用自身携带的传感器和武器来摧毁目标完成任务。整个过程复杂，并且由于人为验证和干预，会影响最终任务规划。相反，在"马赛克"组合中，计算机系统分布在整个战斗空间，彼此之间可以相互通信和协调。拥有地面部队单元的计算机可以通过与其他计算机互联互通，确定战斗机队在不破坏其原本任务的基础上是否有剩余容量提供感知能力，并将感知任务分配至相关战斗机。然后雷达根据战斗机提供的感知信息，自动向最优武器提供数据目标，以便对目标发起攻击。整个过程由"马赛克"组合内的多个系统同时工作,进行规划和调整,没有人为干预。

8.2 "马赛克战"概念提出的背景

8.2.1 "马赛克战"概念产生的动因

随着科技的快速发展,美军通过高科技武器装备所形成的不对称优势正在逐步减少,使得美国深刻意识到其国家安全面临前所未有的挑战。

1. 高科技武器装备所带来的竞争优势不断降低

随着全球范围内高科技技术的传播和商业化应用,使得美国的"对手们"掌握了更多更先进的武器装备技术,这样一来,多年来美国形成的基于不对称技术的传统军事优势,如先进卫星系统、隐身飞机和远程精确制导弹药等优势大不如前,这些高科技武器装备的战略价值和威慑能力也在不断减小。

2. 新型武器装备开发所需时间不断增长

随着武器装备系统复杂程度和新技术所占比例的不断提升,使武器装备的开发时间直线上升,而电子器件等高科技技术更新换代的时间又在不断缩短,很可能使得武器装备在交付前在某些方面和能力上就已经过时。

武器装备从研制到形成战斗力的周期如图 8.2 所示。

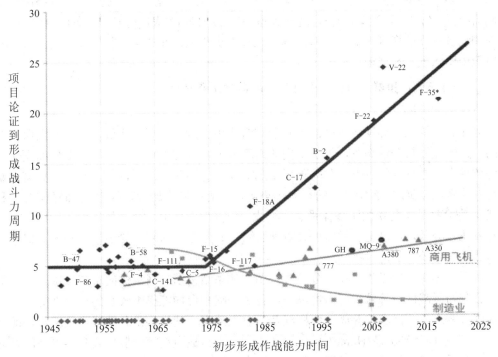

图 8.2　武器装备从研制到形成战斗力的周期

3. 原有军事系统功能效果单一，依赖性强

美军的军事优势主要依靠不同作战环境下的整体军事系统，而其中的某一类杀手锏武器是形成优势的主体力量，如果该类武器被破坏或击落，则系统整体作战效能显著下降。且目前的军事系统多是针对单一的作战环境或者作战任务而设计的，因此当想定发生变化时，就需要重新构建和定制系统。

基于上述原因，"马赛克战"概念孕育而生。相比于传统战争，"马赛克战"的意图是根据可用资源，适应于动态威胁进行快速组合定制，意在寻求通过快速组合的低成本传感器、多域指挥与控制节点以及相互协作的有人、无人系统等低成本、低复杂系统灵活组合，创建适用于任何场景的交织效果，对敌形成新的不对称优势，以赢得未来冲突。为实现这一战略，STO 为"下一代组合型效果网络"领域明确了一些研究方向，包括：态势感知、多域机动、混合效果、系统之系统、海上系统、大系统增强小型单位(SESU)，以及基础战略技术和系统等。

从概念组成来看，"马赛克战"是所有新型概念、新兴装备、新兴技术的综合集成体，是美国目前最新也是最大的作战概念。从美军作战概念的发展来看，"马赛克战"概念可以看作是对"分布式、集群、协同、多域"作战概念的最新更新和演进。

8.2.2 "分布式、集群、协同、多域"作战概念

"分布式、集群、协同、多域"作战是跨域、跨军兵种的作战概念。在作战平台选择上，将作战功能分解到不同的小型武器/无人平台上去，使用一个(或少量)平台搭配若干小型武器/无人平台的组合(集群)替代现代大型舰队(或机群)的大部分功能；在作战过程中，动态地调动各种作战资源、调整使命任务；在技术支撑上，在战场态势感知、资源管理和战场决策中引入人工智能相关技术。

1. "分布式、集群、协同、多域"作战概念主要特点

1) 分布式作战

分布式作战主要体现在各种射出武器常常是由大量、小型、廉价、多样的武器集群组成的。由于武器被分散布置，处于不同的地理方位，因此给作战带来了很多新的变化。其优势体现在：进攻性作战中，类似巡航导弹/小型无人机集群这样的作战形式，凭借数量上的绝对优势和功能/性能/价格上的相对优势，可以对防御方遂行防区内交战(精确打击和电子战)，完全打破了传统的防御体系运作模式；防御性作战中，因为存储"流"载荷的"云"的布置比较分散，可以更有效地扩大防御面积。如图 8.3 所示，给出了全功能武器系统与分布式武器系统的能力对比。

按照美国海军的设想，在"分布式杀伤"体系结构下，网络化的空中、水面及水下平台广泛分布于战区，除航母打击群以外，各类作战平台均能提供较强的进攻性能力，包括巡洋舰、驱逐舰、濒海战斗舰、两栖舰及后勤保障舰。其核心是分散式进攻编队，即"猎手-杀手"水面行动大队(Hunter-killer SAG)。己方作战力量越分散，具备威慑性的目标越多，给对手制造的防御成本就越高。

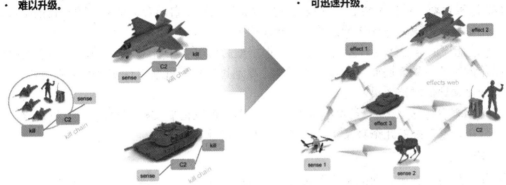

当前作战系统的缺点：
- 对杀伤链完整的平台而言风险过于集中；
- 容易受到敌方杀伤链的攻击；
- 难以升级。

对自适应杀伤网络而言：
- 利用分布式概念、先敌发现、先敌打击，分散风险；
- 作战平台异构，具备自适应能力；
- 可迅速升级。

图 8.3　全功能武器系统与分布式武器系统能力对比

2) 动态资源调整

根据战场上的实际态势，统筹调度各种资源，可以实时地对各种武器载荷进行动态任务分配，可以使得作战资源的配置更加优化。另一方面，由于"小、廉价"的武器系统替代了"大、昂贵"的系统，要求对武器系统的升级迭代不再是大周期式的，而是处于小周期，不断迭代升级的过程。从整个作战的武器装备体系来看，其将一直处于高度动态发展的状态。

3) 认知能力

传统的作战任务中各种武器装备的使命任务是"既定"的，鲁棒性和冗余也是事先计算好的，而在新作战模式中，在整个作战体系层面，利用认知技术(含计算、感知等)进行辅助决策，将使得整体的指挥控制更顺畅。达到这一目标的方式就是认知能力，即可思考、推理、记忆、想象、学习、处理信息、应用知识、改变优先权等有意识的智力活动。

以认知电子战为例，其功能组成框图如图 8.4 所示。可以看出，认知电子战作战形成了一个认知循环过程，整个体系包括环境感知、决策行动和效能评估三个模块。

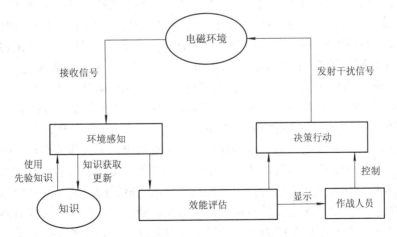

图 8.4　典型的认知电子战功能组成框图

(1) 环境感知。认知系统传感器对作战环境完成感知，采用机器学习算法和特征学习技术，通过与环境的不断交互持续地学习环境，在先验知识的支持下，进而分析出目标威胁信号的特征，并将特征信息传给决策行动模块。

(2) 决策行动。根据态势感知模块对环境信息的认知，自动合成能够有效对抗的措施，快速确定最佳攻击策略，优化干扰波形，自适应分配干扰资源。

(3) 效能评估。由接收到发射的反馈，根据威胁信号在干扰下产生的明显变化评估所采取措施的干扰效果。例如，对雷达来说，主要通过对包括威胁雷达信号波束视线角、带宽等的变化来评估对抗效果。

从远期来看，这些巡航导弹(小型无人机)集群将可以根据实际情况真正地遂行任务，使得"战争迷雾"降低几个数量级，作战效率和灵活性获得了革命性的增强。

4) 跨域作战

传统的作战中领域之间的配合不灵活，有些时候无法互通，而在新作战模式中，不再是一个作战领域的杀伤链起作用，而是形成多域作战的杀伤网，具有范围更广、适应性更强、杀伤能力更大的特点。以美军海上跨域作战为例，在海上跨域分布式协同作战中，指挥控制系统、军用通信系统、预警侦察系统、作战武器系统等都尤为重要。

(1) 指挥控制系统。战场中舰队分散编成，不再是几海里或者几十海里的分散布局，而是相隔几百海里甚至上千海里。因此要实现分散后的协同打击，指挥控制系统不仅要收集各作战域的态势感知信息，还要在短时间内形成最优战术方案，实现舰船编队的统一协调指挥，科学分配资源、集中发挥武器功能，最终优化作战指挥，提升作战能力。

(2) 军用通信系统。海上跨域分布式协同作战对通信的要求不仅是传输距离远，还能突破介质，实现水下与水面通信，甚至是水下与空中通信的要求，并且分布式协同作战需要信息不间断地传输，传输内容多，所以对通信储量要求很高。为此，美军着力构建了全球全域性的全球信息栅格 GIG 通信网络，并不断改进海军通信系统网络架构。

(3) 预警侦察系统。首先必须反应迅速，任何进入预警侦察范围的目标必须引起"分布编成"体系内全体作战单元的共振；其次必须精度高，分布式杀伤的几乎所有攻击都是超视距的，载入武器攻击参数的数据仅仅来自预警侦察体系；再次感知持续时间必须长，尽量做到全时覆盖，一旦有了时间上的漏洞，让对方兵力能够抓住机会渗透，整个体系就有被破击的隐患。美军预警侦察系统主要平台包括天基预警侦察卫星，如国防支援计划(DSP)、天基红外系统(SBIRS)和将在未来部署的下一代天顶持续红外项目(OPIR)卫星；海基预警侦察平台则包括 Texas Towers 固定式海上预警探测雷达和海基 X 波段雷达(SBX)，此外海洋监视船、海洋调查船和导弹监测船同样可以作为机动节点进行预警侦察；海面航母编队预警探测系统同样具备远、中、近程预警探测，以此确保全方位的态势感知。

(4) 作战武器系统。作战武器系统是分布式协同作战的最终实现途径，由美国海军未来的发展规划可知，未来将大力发展进攻性导弹武器系统、无人作战平台、电子战武器、定向能武器等。由于分布式部署，各打击平台相隔较远，互相之间的增援需求对主战武器尤其是未来舰载导弹等武器的能力提出了极高的要求，概括起来就是速度快、距离远、精度高。进攻性导弹武器系统是支撑分布式杀伤的关键要素，旨在提升单舰对陆、海的精确打击能力，提升单舰有限装载能力下的多任务打击火力。这类武器系统主要包括 LRASM、战斧 BlockⅣ、SM-6、捕鲸叉和海军攻击导弹(NSM)。此外，美国海军欲通过定向能武器代替传统防空反导武器部署，提高单舰进攻性导弹武器装载能力，这是电磁机动作战的关键要素。当前美国海军重点发展的定向能武器主要有激光武器系统(LaWS)和高能直接激光杀伤监视系统(HELIOS)，高能直接激光杀伤监视系统如图 8.5 所示。

图 8.5　高能直接激光杀伤监视系统(HELIOS)

2. "分布式、集群、协同、多域"作战概念的组成

多年来，美国在重点领域进行了体系化布局，同时开展体系概念/架构、组网/抗干扰、无人系统/架构、系统概念/平台和指挥控制/管理共五个方面的项目。这些项目颠覆了传统的作战理念和样式，注重"分布式、集群、协同、多域"作战概念，牵引空中、地面、水面、水下全面发展；突出人工智能在无人系统技术领域的核心地位，大力推动无人系统智能化技术发展，并形成技术优势。

1) 体系概念/架构

该项目主要研发开放式体系架构，动态分配杀伤链，保持体系的多样性。美国主要开展了体系综合技术与试验(SoSITE)、拒止环境下协同作战(CODE)、复杂适应性系统组合与设计环境(CASCADE)、跨域动态杀伤网(ACK)等项目来发展体系架构技术。其中拒止环境下协同作战(CODE)聚焦有人、无人平台的分布式协同作战，目前正在第三阶段，多次飞行试验均取得成功，结束后将交付美国海军。

2) 指挥控制/管理技术

该项目聚焦控制算法、决策辅助以及人机交互技术，形成综合的分布式指控管理能力。美国开展了分布式作战管理(DBM)项目、对抗环境中的弹性同步规划与评估(RSPACE)项目。目前 RSPACE 项目已进入第三阶段，由 BAE 系统公司负责继续开发用于自主空中任务规划的软件系统。

3) 网络通信

该项目作为整个作战体系的媒介至关重要，主要开发组网/抗干扰技术，美国典型的项目有动态适应性网络(DyNAMO)项目、对抗环境中的通信(C2E)项目。无人系统技术作为改变未来战争模式的重点，聚焦各种平台自主技术的开发，美国空军开展忠诚僚机(Loyal Wingman)项目，DARPA也开展了小精灵(Gremlins)等项目。目前美国空军XQ-58忠诚僚机试验成功，且已提出"Skyborg"无人作战飞机，用于人工智能技术的无人试验平台。

8.2.3 "分布式、集群、协同、多域"作战概念的最新发展

"马赛克战"概念可以看作是美军在前期"分布式、集群、协同、多域"作战概念的基础上形成的，2017年，DARPA正式提出"马赛克战"作为这一系列项目的远期、总体性的牵引项目。可以看出，美军前期进行的体系综合技术与试验(SoSITE)、拒止环境下协同作战(CODE)、动态适应性网络(DyNAMO)项目、小精灵(Gremlins)项目、忠诚僚机(Loyal Wingman)等项目均是支撑"马赛克战"概念的基础项目。"马赛克战"对应基础项目发展的时间图如图8.6所示。

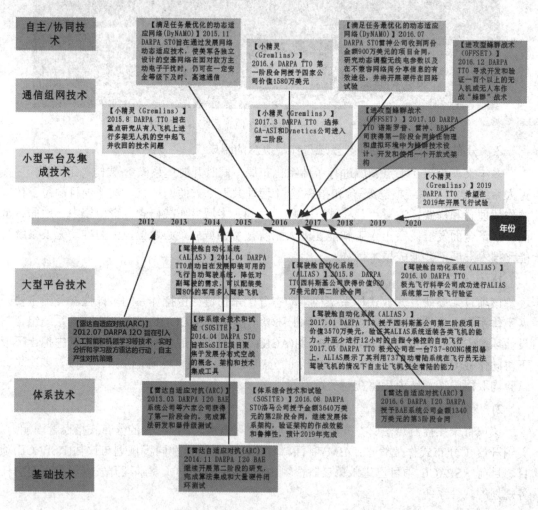

图8.6 "马赛克战"对应基础项目发展时间图

从"马赛克战"相关作战概念的发展历程来看，其经历了链条式杀伤链、系统之系统、适应性杀伤网等阶段，美军"马赛克战"作战概念演进过程如表8.2所示。从表8.2中可以

看到"马赛克战"作战概念经历了多个变革的阶段，从比传统作战先进的链条式杀伤链系统(NIFC-CA)到系统之系统(SoSITE)，再从适应性杀伤网(ACK)到"马赛克战"，在概念举例、描述、优势和挑战四个方面都有变革和进步，经历了人为选择、预先配置、半自动决策、动态适应的智能演变阶段。

表 8.2　美军"马赛克战"作战概念演进过程

	链条式杀伤链	系统之系统	适应性杀伤网	马赛克战
概念举例	一体化火控防空(NIFC-CA)	系统之系统(SoSITE)	/	/
描述	现有系统的手动一体化	为多种战斗配置准备的系统	在任务开始前选择预定义效能网的半自主能力	在战役中构建新的效能网的能力
优势	·拓展有效作战范围 ·增加交战机会	·实现更快速的一体化和更多元的杀伤链	·允许任务前调整 ·更具杀伤性，迫使敌人面对更大复杂性	·可适应动态变化的威胁和环境 ·可同时应对多场交战
挑战	·静态系统 ·构建时间长 ·难于运行和扩展	·每一架构的适应能力有限 ·无法动态增加新功能 ·难于运行和扩展	·静态的"行动规则" ·有限的杀伤链数量 ·可能无法很好地扩展	·扩展受到人类决策者的限制

"马赛克战"以任务完成率为目标，依托信息共享、快速接入、智能武器平台、分布式指挥/控制等技术，以传统作战单元为基础，融合大量低成本、单功能的武器系统和无人系统，形成海、陆、空、天、网络的跨域协同、分布式、开放式、可动态协作和高度自主的可组合作战体系，形成多重网络化杀伤链。

8.2.4　"马赛克战"的最新发展——"空战演进"项目

2019 年 5 月，美国国防部高级研究计划局(DARPA)宣布启动"空战演进"(ACE)项目，该项目是 DARPA 下属 STO 办公室为了实现其新型作战概念——"马赛克战"而开展的项目之一。"空战演进"(ACE)通过空中视距内机动(通常被称为空中格斗)的自动化和智能化来增强飞行员对战斗自主性的信任。ACE 计划首先通过建模和仿真进行技术演示，进而在小型无人机上进行飞行测试，最终目标是在典型作战飞机上实现自主战斗能力。ACE 项目标志着美军已从当前飞行员普遍信任的基于物理学的自动化，过渡到实现未来有人/无人协同所必需的更为复杂的自主能力。

ACE 项目作为实现"马赛克战"作战概念而开展的项目之一，其目标与"马赛克战"概念的目标相似，即利用众多动态、协同、高度自主的可组合系统开展网络化作战。作战时，即使敌方消除了很多"马赛克"元素，余下部分仍可按照需求立即做出响应，实现预期的整体效果。

如图 8.7 所示，在"马赛克战"中，杀伤链的功能分布在多个域的有人和无人资产上。在"马赛克战"设想下，人类将在复杂的环境中(其特征是耦合、非线性、异构和可适应性代理)与自主武器系统紧密协作，使用人工智能战术进行战斗。有人平台将在所有作战域指挥大量分散的无人系统，如果操作员对作战自主权不信任，这一作战愿景就无法实现。

图 8.7 "马赛克战"中杀伤链的功能分布

DARPA 的"马赛克战"概念与传统军事力量需依赖单一的军事系统相比具有很大的优势，而 ACE 项目正是将"马赛克战"由概念推向现实的重要一步。通过训练人工智能来处理视距内的空中格斗，飞行员能够将动态空战任务委托给驾驶舱内的无人、半自主系统，进而使飞行员能够成为可指挥多架无人机的真正意义上的指挥官，为未来的真实、战斗级别的试验打下基础。

8.3 "马赛克战"概念可能带来的作战变革

8.3.1 "马赛克战"对未来空战的影响

传统空战中，主要以战斗机、预警机、轰炸机等组成编队执行任务，是一种以平台为中心的作战模式，在交战时，作战平台容易遭受来自空中和地面的攻击，战损成本大，且新型平台研发周期长。而"马赛克战"中，使用功能分散、成本低廉的无人机组成分布式的作战网络和有人机共同执行作战任务，不仅战场生存力高，还能大大提升任务完成的效果。

"马赛克战"空域的一个例子是：系列无人机作为"僚机"伴随四架战斗机执行任务，其中一架无人机负责堵塞敌方雷达或召唤其他电子战能力，另一架无人机搭载了武器，第三架无人机携带了传感器包，第四架无人机则充当诱饵。敌方将在雷达上看到八个闪烁点，而不是四个，并且不知道每个点所具备的能力，无法预测编队下一步要做什么。

8.3.2 "马赛克战"对未来海战的影响

对海军而言，"马赛克战"可以整合舰船、侦察机、无人潜航器和无人水面舰艇。当这个概念将包括空中、陆上、海上和水下在内的多个作战域联合起来后，对手将面临更复杂的情形。美国海军战略技术办公室项目经理约翰·沃特森指出，与其制造炫酷的隐身战斗机、更好的潜艇和无人系统，不如将更简单的系统连接起来，让它们共享、协作，用自己的方式感知这个世界。

前太平洋舰队司令官海军上将斯科特·斯威夫特表示，未来冲突中通信将被降级。通信窗口不在司令官控制之下时将快速地打开和关闭，这也是"马赛克战"中自主无人碎片为何如此重要的原因。系统必须能在与上级失去联系的情况下独立采取行动。用安全无缝的通信将各种各样分散的系统连接起来是 DARPA 致力于解决的一个难题，这也是实现"马赛克战"的必然要求。STO 战略技术办公室正开展数个项目，聚焦所需的软件，同时战术技术办公室正发展硬件，即僚机概念所需的自主系统。

8.3.3 "马赛克战"对未来陆战的影响

美国陆军正极力推介名为"多域战"的新条令。前陆军训练与条令司令部上将大卫·帕金斯表示，多域战概念是"新瓶装旧酒"或"空地一体战"。他在 DARPA 成立 60 周年会议上表示，从历史的角度来看，美军并没有及时、很好地定义这个问题。这还涉及文化层面的内容，尤其在向底层作战人员提供能力时，他们并不习惯失去对武器系统的控制。对比"马赛克战"和"多域战"的作战概念，两者从概念的动机到体系组成、分布多域作战、网络化结构上有着近似一致的目标。因此，"马赛克战"既可以看作是"多域战"的实现方式，"多域战"也可以看作是"马赛克战"的一种概念，两者有着紧密的联系和共同点。

陆军参谋长马克·米勒上将在陆军协会年度会议上阐述了近似"马赛克战"的内容，只是没有用这个术语。多域战是指同时在五个作战域获得压倒性战场优势并赢得未来战争的作战概念。陆军打算抓住和完善这个概念，来获得优势地位，通过联合所有域的机动力量和比对手更快的作战速度，推进纵深防御。最终目标是破坏、渗透、瓦解和利用对手的反介入系统，瘫痪对手前沿部署的力量。

从陆军发展来看，陆军现有编制体制和美军颠覆性技术的发展为推动陆军转型提供了力量保障和技术支撑。从美国陆军现有武装力量的编成来看，其执掌着诸多战略性力量。美国陆军拥有规模最大、功能多样、可以根据任务需要灵活编组的特种作战部队；陆军拥有 41 支网络任务部队，居各军种之首；陆军第 100 反导旅是美军唯一一支用于拦截洲际弹道导弹的部队；陆军第一空间旅负责维护高频 Ka 波段纳米卫星、陆军全球机动卫星通信等空间资产，能为部队提供卫星通信、导弹预警、导航、授时与定位等服务。从现有技术手段来看，激光通信、增材制造、新能源、人工智能、定向能等颠覆性技术的迅猛发展为实现陆军重点发展的跨域火力、作战车辆、远征任务指挥、先进防御、网络与电磁频谱、未来垂直起降飞行器、机器人/自主化系统、单兵/编队作战能力与对敌优势等 8 大关键领域提供了技术支撑。

8.4 制约"马赛克战"概念的因素

8.4.1 "马赛克战"概念的关键技术

根据"马赛克战"的设想和实现目标，STO 部分借鉴了正在开发或已成形的使能技术，来实现创造性的"马赛克战"体系结构。

1. 复杂适应性系统组合和设计环境(CASCADE)

复杂的互联系统越来越多地成为军事和民用环境中的一部分。例如军用领域的体系综合技术和试验(SoSITE)项目主导开发的空中支配大系统概念,期望实现有人和无人机通过网络链接实现数据和资源的无缝实时共享。但是,复杂系统集成并非简单的叠加,且系统的功能大于其各部分的综合,因此,复杂系统难以建模,目前尚无合适的工具可以实现对跨时空和空间的不断变化的复杂任务系统之间的结构和行为进行预测和评估。为了解决该问题,DARPA 于 2015 年宣布进行复杂适应性系统和设计环境 CASCADE 项目,该项目期望探索和创新可以深入理解系统组件交互行为的数学方法,提供独特的系统行为视角,从根本上改变系统设计,以实现对动态、突发环境的实时弹性响应。

该项目主要在应用数学、运筹学、建模和应用程序等领域寻求创新和突破,最终目标是提供统一的系统行为视图,开发用于复杂自适应系统组合和设计的形式语言,以便理解和利用复杂交互。通过适当的基础数学来实现系统行为的统一视图,提供动态识别和纠正系统缺陷的框架,能够使用任意系统组件适应动态环境。该项目可在"马赛克战"中解决现有系统及新系统的组合问题。

2. 体系综合技术和试验

类似于"马赛克战"的提出背景,高性能武器装备的非对称优势不断减弱,DARPA 于 2015 年 3 月提出并通过了 SoSITE 项目。该项目的初衷为通过新的体系结构发展,提高装备使用效率,完善装备体系建设,实现快速且低成本地把新技术和航空系统集成进现有空战系统中,从而降低研发成本和周期,并使美军运用新技术的能力远快于竞争对手。

SoSITE 聚焦于发展"分布式空战"的概念、架构和技术集成工具,利用现有航空系统的能力,使用开放系统架构方法在各种有人和无人平台上分散关键的任务功能,如电子战、传感器、武器、战争管理、定位导航、授时以及数据/通信数据链等,并为这些可互换的任务模块和平台提供统一标准和工具,如有需要可以进行快速的升级和替换。该项目主要在体系架构研究与分析、综合集成技术研究两大技术领域内寻求创新。

SoSITE 研制目标包括开放系统架构、维持架构持久运行的技术、具有向后兼容能力的标准以及更快速系统集成和测试的工具,这些技术可保证"马赛克战"中的各系统具备实时性、易用性和适用性,并支持整合各种系统以实现协同工作。

3. "分布式作战"管理(DBM)和对抗环境中的弹性同步规划与评估(RSPACE)

DBM 是 DARPA 基于目前的战斗管理缺乏帮助理解和适应动态情况的自动化辅助工具,是于 2014 年提出的项目。该项目最初设想是协助指挥人员和飞行员管理空对空和空对地作战,在日益激烈和复杂的战斗空间中实现更好的理解和快速决策。DBM 计划开发适当的自动化决策辅助工具,即将决策辅助工具集成到每架飞机机载系统中,以提供分布式自适应规划、控制以及情景理解,实现帮助相关人员保持态势感知、推荐任务、制定详细战斗计划、控制作战等目标。

DBM 包括技术开发规划和集成试验两项任务,目前已进入空对地任务模拟演习阶段。

美军已经发展了可进行空中作战的 C2 级高度集中式架构,但是该架构高度依赖强大的通信网络,当通信受到干扰时,架构会受到极大的约束。为应对这个问题,DARPA 提出了 RSPACE 项目,该项目面临的挑战是开发在通信中断和高度不确定性下进行协调的工具,同时对 C2 异构节点提供自动化支持,以协助作战人员控制和管理不确定战场空间中 C2 的复杂性。

DBM 和 RSPACE 都基于"分布式作战"进行开发,并期望解决不确定战场环境的自适应、弹性等问题,其设想背景、目标等都与"马赛克战"相似。因此,这两个项目可用于解决"马赛克战"中战斗管理的指挥与控制问题。

4. 对抗环境下的通信(C2E)和任务优化动态适应网络(DyNAMO)

随着无人设备、传感器和网络设备的持续发展,对通信系统提出了更强大、更多样化的需求。增强通信系统功能,还需提高其抗干扰性、低可探测性和动态环境适应性。但是,目前的军事通信架构是静态的,不灵活的。DARPA 于 2014 年提出 C2E 项目,期望开发和部署自适应通信系统。该系统具有三个优势:

(1) 在该系统下,灵活的模块化硬件可以在不进行大量修改系统的前提下,实现功能刷新并应对来自对手的威胁。

(2) 系统开发的模型利用可重复使用的波形处理元素和形式化方法,可实现跨多个硬件平台的快速开发。

(3) C2E 网络强大的包容性,允许作战空间中无线电类型的多样性和重复性,为作战部队提供了可靠、网络化、可扩展的信息分发支持。

与 C2E 相类似,DyNAMO 是为了解决通信网络中机载无线电网络彼此不兼容,无法实现信息在多种类型的系统中自由无缝地流动等问题。DyNAMO 在 C2E 的基础上,基于分布式动态作战任务的复杂性而设计,目标是开发动态适应网络技术,在所有机载系统之间实现信息的即时自由流动。这两项技术可支持"马赛克战"的无缝、适应性通信和网络。

8.4.2 "马赛克战"概念需要解决的问题

"马赛克战"概念在一个作战周期内包括 6 个阶段:决策、组合、任务规划、资源管理、任务实施计划和执行。因此在作战实施过程中,要达成作战效果,需要完成好每一个作战阶段,才能实现闭环作战。

1) 决策阶段

在决策阶段,需要针对作战任务和作战目标,给出所需作战资源的合理决策,需要解决"用什么""何时用""怎么用"的问题。

2) 组合阶段

在确定作战资源后,就要对资源进行组合,以便产生最大的作战能力和效果。此阶段由于存在任务规划不明确的问题,因此,要解决"需要哪些组合元素""如何验证效果"等问题。

3) 任务规划阶段

在任务规划阶段,需要根据作战目标和任务,结合作战资源,给出具体任务过程的规划。在此阶段需要确认使用的效果链,根据效果链进行任务规划。

4) 资源管理阶段

由于"马赛克战"的作战资源是分布式的,并且作战资源的组成是可变的、动态的,因此需要解决各作战资源的分配、优化等问题。

5) 任务实施计划阶段

在任务实施计划阶段，需要根据任务规划，详细分配任务给各作战资源和系统，需要解决任务分配和任务理解等问题。

6) 执行阶段

在执行阶段，各作战系统和资源需要网络化连接，实时根据战场环境调整作战方式，进行任务变更和分配等。

第9章　新型作战概念间的异同和联系

本书依据有限的资料，对美军新近提出的 7 种作战概念进行了解读和研判。美军提出的这些作战概念相互之间并不是完全独立的，而是密切关联的。美军的新型作战理论层出不穷，但每个作战概念并不是别出心裁，另起炉灶，而是在对作战、装备和技术发展清晰认识的基础上，对战争原理和军事理论的继承和发展。

"分布式作战"概念聚焦于作战力量的"多域"分布式部署，聚焦于装备的运用和组织形式；"多域战"概念的实质是"分布式作战"，但它聚焦于分布式部署的"多域"作战力量的指挥控制。"多域战"概念是一种更高层次的联合作战，联合程度高到模糊了军兵种界限，模糊了作战空间的划分、军兵种融合、作战空间融合。

"穿透型制空""远距空中优势"仍可以认为是"分布式作战"的一种形式，其技术和装备基础是隐身；信息机动性理论则是又上了一个层面的信息作战理论，强调信息的快速、敏捷使用，是机械化+信息化+智能化条件下新的信息作战理念。例如兰德公司 2012 年 3 月在其"F-22 作战使用研究"报告中提出了"远距空中优势"的概念。"远距空中优势"概念并不是一个可以独立执行的作战概念，从前面讨论的内容可知，"远距空中优势"概念是配合"空中分布式作战"和"穿透型制空"作战概念的子概念。

各个作战概念相互支撑、相互借鉴，在统一的框架下，各自解决各自的问题。从相关资料来看，这些新型作战概念的研究不是美军高层统一规划的，而是各军兵种各自而战、独立提出的，其研究获得的认识趋势却不谋而合，走向基本一致。由此可见，美军对联合作战的理解是深入骨髓的，这些新型的联合作战样式不仅仅局限于军兵种之间的力量联合一体化融合运用，还涉及陆、海、空、天、电五维战场空间的一体化融合利用。在陆、海、空、天、电五维战场空间范围运用一体化联合作战力量，可以更高效地释放美军的作战能力。表 9.1 给出了美军作战概念所牵引的典型装备形态、技术领域和关键技术。

表 9.1　美军作战概念所牵引的技术领域和关键技术

作战概念	牵引的典型装备形态	牵引的技术领域	牵引的关键技术
分布式作战	新一代综合性空中平台 智能无人机 协同作战网络 小型化弹药、多功能弹药	分布式协同作战网络 指挥控制 智能无人机 无人机投放与回收	新概念隐身 分布式网络 人工智能 无人机空中回收
多域战	多疆域指挥与控制系统	分布式协同作战网络 指挥控制	分布式网络 人工智能
穿透型制空	新一代战斗机、轰炸机 小型化弹药	协同作战网络 远程导弹动力、制导	新概念隐身 导弹小型化 分布式网络

续表

作战概念	牵引的典型装备形态	牵引的技术领域	牵引的关键技术
远距空中优势	大型空中平台 协同作战网络 远程攻击弹药	协同作战网络 指挥控制	分布式网络 导弹动力、制导
OODA 2.0	信息化装备 智能化装备	指挥控制	人工智能
混合战争	突出特种作战、信息战等非常规力量 从追求高精尖装备转向追求实用化装备	指挥控制 信息通信	人工智能 信息技术
马赛克战	智能武器平台	指挥/控制/管理 自主、协同、感知与规避 网络通信	复杂适应性系统设计 体系综合技术和试验 "分布式作战"管理 对抗环境下的通信 任务优化动态适应网络

从本质上讲，美军提出的这些作战概念并不是全新的概念，而是在原有概念基础上的深化和升级，是对原有概念的继承和创新，这一点与美军装备发展的模式很类似。渐进式升级是一种效费比很高的研究和发展思路，随着认识的深化和技术的进步，逐步升级产品和思路较为稳妥。美军提出的这些作战概念是否能在未来的作战中适用，所牵引的技术和装备能否成为现实，从目前的状况来看，还尚待观察，许多问题还需进一步分析和研究。

美军提出的作战概念是基于其自身的战略需求、能力特点、面对的威胁、对手的优劣、战场的特点等要素制定的，具有很强、很具体的针对性，并不具有普适性。在作战概念研究方面，我军要向美军学习，但决不能被美军牵着鼻子走。我军要在深入理解美军作战概念的基础上参考借鉴，决不能照搬。美军的取舍未必是我们的取舍，美军的概念未必是我们的概念。

作战概念研究是设计未来装备的逻辑起点，是一个带有全局性的顶层问题，应该从一个更高的视角去审视这些概念。既要了解其优势领域，又要辨识其制约条件。既要全面深入了解，又要片面深刻分析。

我国与美国在工业基础、技术储备、空战经验、研发经验方面存在较大差距，这不可回避，也不能回避。要形成与强敌的抗衡能力，必须走我们自己的非对称发展道路，用我们自己的术语定义未来的战争，用自己的规则作战，用自己的概念牵引装备和技术发展。

作战概念对装备和技术的发展具有很明显的牵引作用。美军提出的作战概念对装备发展和技术领域的探索呈现了很强的导向性，在美军新型作战概念的牵引下，DARPA 启动了多项技术支撑研究项目，并展开了相关装备的探索性发展和概念的演示验证。

作战概念研究是设计战争的一种重要形式和手段。战争设计的实质是研究未来作战的一种方法。未来战争的本质没有变，但战争的特性在加速演变。深入研究、加深理解，就能提前把握未来战争的脉络，做好相应的准备。凡事预则立，不预则废。